2024年版

全国一级造价工程师职业资格考试
真题详解与应试导航

建设工程造价案例分析

JIANSHE GONGCHENG ZAOJIA ANLI FENXI

赵飞燕　王亦虹　胡秀芳　编

中国计划出版社
·北　京·

图书在版编目（CIP）数据

建设工程造价案例分析 / 赵飞燕，王亦虹，胡秀芳编. -- 3版. -- 北京 : 中国计划出版社，2024.5
2024年版全国一级造价工程师职业资格考试真题详解与应试导航
ISBN 978-7-5182-1645-1

Ⅰ. ①建… Ⅱ. ①赵… ②王… ③胡… Ⅲ. ①建筑造价管理－案例－资格考试－题解 Ⅳ. ①TU723.3-44

中国国家版本馆CIP数据核字(2024)第025554号

责任编辑：陈　飞　　封面设计：韩可斌

中国计划出版社出版发行
网址：www. jhpress. com
地址：北京市西城区木樨地北里甲 11 号国宏大厦 C 座 4 层
邮政编码：100038　电话：（010）63906433（发行部）
三河富华印刷包装有限公司印刷

787mm × 1092mm　1/16　10 印张　240 千字
2024 年 5 月第 3 版　2024 年 5 月第 1 次印刷

定价：46.00 元

前　　言

《2024 年版全国一级造价工程师职业资格考试真题详解与应试导航》(以下简称《导航》)是 2024 年作者团队与中国计划出版社合作出版的考试辅助用书,《导航》与《2024 年版全国一级造价工程师职业资格考试应试指南》(以下简称《指南》)形成姊妹篇,各有其帮助考生应试复习的特点,《指南》特别强调系统全面贯彻教材的内容,而《导航》则强调突出考试重点。

如何突出考试重点?这是所有考生非常关心的问题。对于该问题,作者团队多年来采用线上线下不同方式深入考生、培训教师中调研,并与中国计划出版社编辑们进行了多次深入交流沟通,形成了《导航》独特的编写体例逻辑框架。作者团队对最近十余年考试真题进行了多次训练,发现考试真题能够寻找出强烈的应试复习规律。《导航》编写体例逻辑框架以历年考试真题作为切入点,选择近五年的考试真题,经过真题解析、考点统计、知识点凝练、考分统计和考点点评等环节训练出不同科目近五年统计学意义的考点;按照考点对教材内容进行梳理、压缩,以突出重点,精准锁定常考必考内容;站在考生的角度,其应试复习的价值,在于可以简洁地、有的放矢地复习具体知识点,大大节省复习时间,提升复习效率;尤其是作为中国计划出版社同期出版的《指南》的姊妹篇,两套书同时使用其价值更加突出,既强调了系统全面的需求,又满足了考生突出考试重点的需要。《导航》主要结构与特点包括以下五个方面:

一、真题解析

以 2019—2023 年的考试真题为切入点,给出每道题的正确答案,解析答题思路,提炼总结考点。

二、考点统计

结合历年真题提炼的考点,按照教材的顺序进行梳理,统计出近五年的每个考点出现的考核频次,以统计表的形式呈现。表格的形式和内容在宏观上能表达出零星知识点体系及其内在联系。

三、知识点凝练

《导航》严格按照教材各知识点出现的顺序,对各知识点进行凝练,主要将较为零散的考点归纳总结,以文字结合图表的形式呈现,使考生能一目了然。本部分为全书的核心部分,总结出历年考试的变化情况,使考生能够重点掌握考点内容及考试规律,深入了解出题特点和命题趋势。考生可以结合教材,对本部分内容进行重点复习。

四、本章考分统计

以表格的形式将本章考点每年的考分进行统计。给出各个章节统计学意义考分分布，帮助考生在应试复习过程对教材内容进行取舍。

五、本章考点点评

以“点评”的方式对各章知识点需要掌握的程度进行分析总结，以供考生在复习时进行参考。

前三部分以教材每小节为单位进行统计，第四、五部分以每章为单位进行统计和点评。

各科目具体参编人员如下：

建设工程造价管理：李瑾、夏立明

建设工程计价：石振香、柯洪、王卫波

建设工程技术与计量（土木建筑工程）：赵啸天、吴静、赵飞燕

建设工程技术与计量（安装工程）：郝龙、赵斌、程宏佳

建设工程造价案例分析：赵飞燕、王亦虹、胡秀芳

在与中国计划出版社合作的过程中，我们深深地感受到编辑们严谨的工作态度和孜孜以求的专业精神，在此向中国计划出版社的编辑们表示衷心感谢！《导航》编写过程中，参考了大量专家、学者编写的相关文献资料，查阅了大量权威网站的有关内容，同时听取和吸收了工程造价专业等相关学科专家的宝贵意见和建议，亦在此表示诚挚的感谢！

尽管我们力求完美，但由于全国一级造价工程师职业资格考试涉及面广、专业性强、知识点多，加上水平有限，难免存在疏漏和不足之处，敬请广大读者提出宝贵的意见和建议，以便今后加以改进。

编　者

2024 年 3 月

兑换增值服务说明

为了提供更优质、更高效的知识服务，我社为购买正版造价工程师考试用书的读者提供网上视频增值服务，由专业老师对考试的相关内容进行讲解，帮助读者掌握理解，提高应试水平。网上增值服务使用方法如下：

1. 计算机用户

访问 weike.jhpress.com → 注册用户并登录 → 进入个人中心点击“兑换增值服务” → 输入封面二维码涂层下的 20 位数字，验证兑换 → 在个人中心“我的增值服务包”享受增值服务

2. 移动端用户

扫描上面微课程二维码 → 关注“计划社微课程”服务号 → 点击菜单“我的服务”—“兑换增值服务” → 扫描或输入封面二维码涂层下的 20 位数字，验证兑换 → 在个人中心“我的增值服务包”享受增值服务

注：增值服务从兑换之日起 12 个月内有效，提供形式为在线观看。如果输入卡号或扫码后无法通过验证，请及时与我社联系。

3. 联系我们

客服微信：

客服电话：400 670 6390（工作日 9：00—17：00）

网上增值服务如有不完善之处，敬请广大读者提出宝贵意见和建议！

目　录

导　言

一、新版教材介绍

2024 年全国一级造价工程师职业资格考试《建设工程造价案例分析（土木建筑工程、安装工程）》科目所使用的官方教材为《2023 年版全国一级造价工程师职业资格考试培训教材　建设工程造价案例分析（土木建筑工程、安装工程）》，该教材由全国造价工程师职业资格考试培训教材编审委员会编写。

教材内容共计六章，分别为：第一章“建设项目投资估算与财务分析”、第二章“工程设计、施工方案技术经济分析”、第三章“工程计量与计价”、第四章“工程招标投标”、第五章“工程合同价款管理”、第六章“工程结算与决算”。

二、考试分析

预计 2024 年的考试试卷无论是在考题结构、考题分布还是考试难度上与以往考试相比都不会有太大变化，具体分析如下：

（1）在考题结构方面。从目前的考试大纲和历年考试真题来看，预计 2024 年的考题仍由 5 道案例分析题构成，总分值为 120 分。2019—2023 年考题分值分布规律统计见下表。

2019—2023 年考题分值分布规律统计表

<table>
<tr><th rowspan="2">章次</th><th colspan="5">分值</th></tr>
<tr><th>2023 年</th><th>2022 年</th><th>2021 年</th><th>2020 年</th><th>2019 年</th></tr>
<tr><td>第一章</td><td>20</td><td>20</td><td>20</td><td>20</td><td>20</td></tr>
<tr><td>第二章</td><td rowspan="2">20</td><td>20</td><td>20</td><td rowspan="2">20</td><td rowspan="2">20</td></tr>
<tr><td>第四章</td><td rowspan="2">20</td><td rowspan="2">20</td></tr>
<tr><td>第五章</td><td>20</td><td>20</td><td>20</td></tr>
<tr><td>第三章</td><td>40</td><td>40</td><td>40</td><td>40</td><td>40</td></tr>
<tr><td>第六章</td><td>20</td><td>20</td><td>20</td><td>20</td><td>20</td></tr>
<tr><td>合计</td><td>120</td><td>120</td><td>120</td><td>120</td><td>120</td></tr>
</table>

从 2019 年开始，考试题目由原来的 6 道大题、合计 140 分变为 5 道大题、合计 120 分。第一章 20 分，考核 1 道大题；第三章 40 分，考核 1 道大题；第六章 20 分，考核 1 道大题；第二、四、五章相结合，考核 2 道大题，共计 40 分。2019—2022 年真

题中，第四章分别与第二章或者第五章结合起来，而2023年真题中，第四章同时与第二章和第五章结合出题。在统计分值时，由于第四章与第五章结合的大题中，第四章考点仅为一个，而与第二章结合在一起的大题中考点较多，因此统计表依然将第二、四章合并，在此予以说明。这一细微变化，从分值上来看，第二、四、五章所占的分值变化不大，但是从出题模式上看，综合性较往年要强一些。

（2）在命题模式方面。2023年版教材使用后，考试难度总体变化幅度不算大，基本保持稳定。命题的基本模式为：给出工程背景资料，在此基础上提出若干相互独立或相互关联的问题，以计算题和简答题为主，而简答题主要以判断分析为主，考点涉及面较广，跟其他几门科目的联系较大。

三、本书使用说明及建议

无论是内容还是考试形式，本科目都有其独有的特点和一定的难度，因此针对本科目自身特点的学习方法尤其重要。我们根据多年的教学经验并结合考生的需要，将本科目的学习方法总结如下，供考生参考。

（1）在整体的计划安排上，建议首先是将复习的重点放在第三章，这章内容多，分值比例高，难度较大，考题考点密集，考生的投入回报比更高；其次是第一章和第六章；第二、四、五章分值相对较低，难度较小，可以投入相对少的一些时间。

（2）在复习过程中，考生要注意本科目与其他科目的关系，建立起知识体系，并掌握和运用。在知识体系中，把握重点和难点，比较、区分平行考点或相似知识点，以便于知识点的理解、记忆，提高复习效率，同时有利于"一题多考点"型考题的作答。

（3）在实际复习过程中，考生在记忆、理解知识点的基础上，进行真题训练是必要的，也是重要的。本书对2019—2023年的考试真题进行了编录，按照教材的章节逻辑顺序呈现给考生，并为每道真题做了详细的解析。建议考生仔细揣摩每道真题的出题形式、考核角度，只有熟做真题，才能知道自己要如何复习。

（4）建议考生放平心态，留出充足的复习时间，提前做好复习规划。若精力有限，可寻求专业人员或机构的帮助、辅导；选择正规出版的官方教材和辅导书籍，多交流沟通，切勿闭门造车。

第一章

建设项目投资估算与财务评价

真题解析

一、2023 年考题

某企业拟投资建设一项目，生产一种市场需求较大的工业产品。项目建设期 1 年，运营期 8 年，项目可行性研究相关基础数据如下：

1. 项目建设投资 2 500 万元（可抵扣进项税 150 万元），除可抵扣进项税外的建设投资，预计全部形成固定资产项目，固定资产使用年限为 8 年，残值率为 5%，采用直线法折旧。

2. 项目建设投资的资金来源为自有资金和贷款，贷款为 1 500 万元，贷款年利率为 5%（按年计息），贷款合同约定的还款方式为运营期前 4 年等额还本付息。

3. 项目投产当年需要流动资金 300 万元，全部由自有资金投入。

4. 项目正常年份的设计产能为 5 万件，产品的不含税价格为 360 元 / 件，正常年份的经营成本为 1 200 万元（其中可抵扣进项税为 80 万元）。项目运营期第 1 年的产能为正常年份的 80%，以后各年均达到设计产能。运营期第 1 年的经营成本及其所含可抵扣进项税额均为正常年份的 80%。

5. 企业适用的增值税税率为 13%，增值税附加按应纳增值税的 12% 计算，企业所得税税率为 25%。

【问题】

1. 列式计算项目运营期第 1 年和第 2 年应纳增值税额。

2. 分别列式计算项目运营期第 1 年、第 2 年的不含税总成本费用、所得税和税后利润。

3. 列式计算项目运营期第 1 年末的累计盈余资金（不考虑当年应付利润）。

4. 若基准收益率为 10%，单价为 360 元 / 件时，项目资本金现金流量净现值为 610 万元；单价上涨 10% 后，项目资本金现金流量净现值为 1 235 万元。在保证项目可行的前提下，计算该产品价格下浮的临界百分比。

（注：计算过程及结果均以万元为单位，小数点后保留两位小数）

【答案】

问题 1：

运营期第 1 年应纳增值税 $=360\times5\times13\%\times80\%-80\times80\%-150=-26.80$（万元），应

纳增值税为 0。

运营期第 2 年应纳增值税 =360×5×13%−80−26.80=127.20（万元），应纳增值税为 127.20 万元。

问题 2：

建设期利息 =1 500/2×5%=37.50（万元）

运营期前 4 年每年还本付息额 =（1 500+37.50）×5%× $\frac{(1+5\%)^4}{(1+5\%)^4-1}$ ≈433.59（万元）

固定资产折旧 =（2 500+37.50−150）×（1−5%）/8=283.52（万元）

运营期第 1 年：

应还利息 =（1 500+37.50）×5%≈76.88（万元）

应还本金 =433.59−76.88=356.71（万元）

总成本费用 =（1 200−80）×80%+283.52+76.88=1 256.40（万元）

税前利润 =360×5×80%−1 256.40=183.60（万元）

所得税 =183.60×25%=45.90（万元）

税后利润 =183.60−45.90=137.70（万元）

运营期第 2 年：

应还利息 =（1 500+37.5−356.71）×5%≈59.04（万元）

总成本费用 =（1 200−80）+283.52+59.04=1 462.56（万元）

利润总额 =360×5−1 462.56−127.20×12%≈322.18（万元）

所得税 =322.18×25%≈80.55（万元）

税后利润 =322.18−80.55=241.63（万元）

问题 3：

累计盈余资金 =360×5×80%×（1+13%）−（1 200×80%+45.90+433.59）=187.71（万元）

问题 4：

设产品价格下浮临界点的产品不含税价格为 P

（360−P）÷［360×（1+10%）−P］=610÷1 235

解得：P≈324.86 万元

（324.86−360）÷360×100%=−9.76%，该产品价格下浮临界百分比为 9.76%。

二、2022 年考题

某企业投资建设的一个工业项目，生产运营期为 10 年，于 5 年前投产。该项目固定资产投资总额为 3 000 万元，全部形成固定资产投资，固定资产使用年限为 10 年，残值率为 5%，按直线法折旧。

目前，项目建设期贷款已偿还完成，建设期可抵扣进项税已抵扣完成，处于正常生产年份。正常生产年份的销售收入为 920 万元（不含销项税），年经营成本为 324 万元（含可抵扣进项税 24 万元）。项目运营期第 1 年投入了流动资金 200 万元。企业适用的增值税税率为 13%，增值税附加税税率为 12%，企业所得税税率为 25%。

为了提高生产效率，降低生产成本，企业拟开展生产线智能化、数字化改造，且改造后企业可获得政府专项补贴支持。具体改造相关经济数据如下：

1. 改造工程建设投资为 800 万元（含可抵扣进项税 60 万元），全部形成新增固定资产，新增固定资产使用年限同原固定资产剩余使用年限，残值率、折旧方式和原固定资产相同。改造工程建设投资由企业自有资金投入。

2. 改造工程在项目运营期第 6 年（改造年）年初开工，2 个月完工，达到可使用状态，并投产使用。

3. 改造年的产能、销售收入、经营成本按照改造前正常年份的数值计算。改造后第 2 年（即项目运营期第 7 年，下同）开始，项目产能提升 20%，且增加产量能被市场完全吸纳；同时由于改造提升了原材料等利用效率，使得经营成本及其可抵扣进项税均降低 10%，所需流动资金比改造前降低 30%。

4. 改造后第 2 年，企业可获得当地政府给予补贴收入 100 万元（不征收增值税）。

【问题】

1. 列式计算项目改造前正常年份的应缴增值税、总成本费用、税前利润及企业所得税。

2. 列式计算项目改造年和改造后第 2 年的应缴增值税和企业所得税。

3. 以政府视角计算由于项目改造引起的税收变化总额（仅考虑增值税和企业所得税）。

4. 遵循“有无对比”原则，列式计算改造后正常年份的项目投资收益率。

（注：改造工程建设投资按照改造年年初一次性投入考虑，改造年的新增固定资产折旧按整年考虑，计算过程和结果均以“万元”为单位并保留两位小数）

【答案】

问题 1：

改造前年份：

折旧 =3 000 ×（1−5%）÷ 10=285.00（万元）

应缴增值税 =920 × 13%−24=95.60（万元）

增值税附加税 =95.6 × 12%=11.47（万元）

不含税总成本费用 =324−24+285=585.00（万元）

税前利润 =920−585−11.47=323.53（万元）

企业所得税 =323.53 × 25%=80.88（万元）

问题 2：

运营期第 6 年：

折旧 =（800−60）×（1−5%）÷ 5=140.60（万元）

增值税 =920 × 13%−24−60=35.60（万元）

增值税附加税 =35.6 × 12%=4.27（万元）

税前利润 =920−（324−24+285+140.6）−4.27=190.13（万元）

企业所得税 =190.13 × 25%=47.53（万元）

运营期第 7 年：

销售收入 =920 ×（1+20%）=1 104.00（万元）

经营成本 =300 ×（1−10%）=270.00（万元）

可抵扣进项税 =24 × （1-10%）=21.60（万元）

应缴增值税 =1 104 × 13%-21.6=121.92（万元）

增值税附加税 =121.92 × 12%=14.63（万元）

税前利润 =1 104+100-（270+285+140.6）-14.63=493.77（万元）

企业所得税 =493.77 × 25%=123.44（万元）

问题 3：

第 8 ~ 10 年：

税前利润 =1 104-（270+285+140.6）-14.63=393.77（万元）

企业所得税 =393.77 × 25%=98.44（万元）

原方案后 5 年税收 =（95.6+80.88）× 5=882.40（万元）

扩建后后 5 年税收 =(35.6+47.53)+(121.92+123.44)+(121.92+98.44) × 3=989.57（万元）

税收增加 =989.57-882.4=107.17（万元）

问题 4：

正常年份息税前利润差额 =393.77-323.53=70.24（万元）

总投资 =800-200 × 30%=740.00（万元）

总投资收益率 =70.24 ÷ 740=9.49%

三、2021 年考题

某企业拟投资建设一个生产市场急需产品的工业项目。该项目建设期为 2 年，运营期为 8 年。项目建设的其他基本数据如下：

1. 项目建设投资估算为 5 300 万元（包含可抵扣进项税 300 万元），预计全部形成固定资产，固定资产使用年限为 8 年。按直线法折旧，期末净残值率为 5%。

2. 建设投资资金来源于自有资金和银行借款，借款年利率为 6%（按年计息）。借款合同约定还款方式为在运营期的前 5 年等额还本付息。建设期内自有资金和借款均为均衡投入。

3. 项目所需流动资金按照分项详细估算法估算，从运营期第 1 年开始由自有资金投入。

4. 项目运营期第 1 年，外购原材料、燃料费为 1 680 万元，工资及福利费为 700 万元，其他费用为 290 万元，存货估算为 385 万元。项目应收账款年周转次数、现金年周转次数、应付账款年周转次数分别为 12 次、9 次、6 次。项目无预付账款和预收账款情况。

5. 项目产品适用的增值税税率为 13%，增值税附加税税率为 12%，企业所得税税率为 25%。

6. 项目的资金投入、收益、成本费用见表 1.1。

表 1.1 项目资金投入、收益、成本费用表 单位：万元

序号	项目	建设期		运营期			
		第 1 年	第 2 年	第 3 年	第 4 年	第 5 年	第 6 ~ 10 年
1	建设投资 其中：自有资金 借款本金	 1 150 1 500	 1 150 1 500				

续表 1.1

序号	项目	建设期		运营期			
		第 1 年	第 2 年	第 3 年	第 4 年	第 5 年	第 6 ~ 10 年
2	营业收入（不含销项税）			3 520	4 400	4 400	4 400
3	经营成本（不含可抵扣进项税）			2 700	3 200	3 200	3 200
4	经营成本中的可抵扣进项税			200	250	250	250
5	流动资产				855	855	855
6	流动负债				350	350	350

【问题】

1. 列式计算项目运营期年固定资产折旧额。

2. 列式计算项目运营期第 1 年应偿还的本金、利息。

3. 列式计算项目运营期第 1 年、第 2 年应投入的流动资金。

4. 列式计算项目运营期第 1 年应缴纳的增值税。

5. 以不含税价格列式计算项目运营期第 1 年的总成本费用和税后利润，并通过计算说明项目运营期第 1 年能够满足还款要求。

（注：计算过程和结果保留两位小数）

【答案】

问题 1：

（1）建设期利息：

第 1 年建设期利息 =1 500/2 × 6%=45.00（万元）

第 2 年建设期利息 =（1 500+45+1 500/2）× 6%=137.70（万元）

建设期利息 =45+137.7=182.70（万元）

（2）固定资产原值 =5 300+182.7–300=5 182.70（万元）

（3）折旧 =5 182.70 ×（1–5%）/8=615.45（万元）

问题 2：

（1）长期借款前 5 年还本付息和 =（3 000+182.7）× $\frac{6\% \times (1+6\%)^5}{(1+6\%)^5-1}$ =755.56（万元）

（2）当年利息 =3 182.7 × 6%=190.96（万元）

（3）当年还本 =755.56–190.96=564.60（万元）

问题 3：

流动资产 = 应收账款 + 预付账款 + 存货 + 库存现金

流动负债 = 应付账款 + 预售账款

（1）应收账款 = 年经营成本 ÷ 年周转次数 =2 700 ÷ 12 =225.00（万元）

（2）现金 =（年工资福利费 + 年其他费）÷ 年周转次数 =（700+290）÷ 9=110.00（万元）

（3）应付账款 = 年外购原材料、燃料费 ÷ 年周转次数 =1 680 ÷ 6 =280.00（万元）

（4）存货 =385.00（万元）

（5）流动资金 =225+110+385=720.00（万元）

（6）流动负债 =280.00（万元）

（7）运营期第 1 年投入的流动资金 =720−280=440.00（万元）

（8）运营期第 2 年投入的流动资金 =855−350−440=65.00（万元）

问题 4：

（1）运营期第 1 年销项税 =3 520 × 13%=457.60（万元）

（2）运营期第 1 年增值税 =457.60−200−300=−42.40（万元）

（3）应纳增值税 =0.00

问题 5：

（1）运营期第 1 年的总成本费用 = 经营成本 + 折旧 + 摊销 + 利息 + 费用化维持运营投资 = 2 700+615.45+0+190.96+0 =3 506.41（万元）

（2）运营期第 1 年税后利润 = 利润总额 ×（1−25%）=（营业收入 + 补贴收入 − 总成本费用 − 增值税附加税）×（1−25%）=（3 520−3 506.41−0）×（1−25%）=10.19（万元）

（3）运营期第 1 年最大偿还本金能力 = 折旧 + 摊销 + 净利润 =615.45+10.19=625.64（万元）

因为 625.64>564.60，所以，满足还款要求。

四、2020 年考题

某企业拟投资建设一个工业项目，生产一种市场急需的产品，该项目相关基础数据如下：

1. 项目建设期为 1 年，运营期为 8 年，建设投资估算为 1 500 万元（含可抵扣进项税 100 万元）。建设投资（不含可抵扣进项税）全部形成固定资产。固定资产使用年限为 8 年，期末净残值率为 5%，按直线法折旧。

2. 项目建设投资来源为自有资金和银行借款。借款总额为 1 000 万元，借款年利率为 8%（按年计息），借款合同约定的还款方式为运营期的前 5 年等额还本付息。自有资金和借款在建设期内均衡投入。

3. 项目投产当年以自有资金投入运营期流动资金 400 万元。

4. 项目设计产量为 2 万件 / 年。单位产品不含税销售价格预计为 450 元。单位产品不含进项税可变成本估算为 240 元。单位产品平均可抵扣进项税估算为 15 元。正常达产年份的经营成本为 550 万元（不含可抵扣进项税）。

5. 项目运营期第 1 年产量为设计产量的 80%，营业收入亦为达产年份的 80%。以后各年均达到设计产量。

6. 企业适用的增值税税率为 13%，增值税附加按应纳增值税的 12% 计算。企业所得税税率为 25%。

【问题】

1. 列式计算项目建设期贷款利息和固定资产年折旧额。

2. 列式计算项目运营期第 1 年、第 2 年的企业应纳增值税额。

3. 列式计算项目运营期第 1 年的经营成本、总成本费用。

4. 列式计算项目运营期第 1 年、第 2 年的税前利润，并说明运营期第 1 年项目可用于还款的资金能否满足还款要求。

5. 列式计算项目运营期第 2 年的产量盈亏平衡点。

（注：计算过程和结算数据有小数的，保留两位小数）

【答案】

问题 1：

建设期利息 =1 000 × 0.5 × 8%=40.00（万元）

固定资产原值 =1 500−100+40=1 440.00（万元）

折旧 =1 440 ×（1−5%）÷ 8=171.00（万元）

问题 2：

运营期第 1 年：

应纳增值税 =450 × 2 × 80% × 13%−100−15 × 2 × 80%=−30.40（万元）

应纳增值税为 0，增值税附加税也为 0。

运营期第 2 年：

应纳增值税 =450 × 2 × 13%−15 × 2−30.40=56.60（万元）

增值税附加税 =56.60 × 12%=6.79（万元）

问题 3：

运营期第 1 年：

不含税的经营成本 =550−240 × 2+240 × 2 × 80%=454.00（万元）

利息 =1 040 × 8%=83.20（万元）

不含税总成本费用 =454+171+83.2=708.20（万元）

问题 4：

$$运营期前五年每年应还本息 =1\,040 \times \left[8\% \times \frac{(1+8\%)^5}{(1+8\%)^5-1}\right]=260.47（万元）$$

运营期第 1 年：

应还本金 =260.47−83.2=177.27（万元）

利润总额 =450 × 2 × 80%−708.2=11.80（万元）

净利润 =11.8 ×（1−25%）=8.85（万元）

因为 8.85+171=179.85（万元）>177.27 万元，所以可以满足还款要求。

运营期第 2 年：

利息 =（1 040−177.27）× 8%=69.02（万元）

利润总额 =450 × 2−550−171−69.02−6.79=103.19（万元）

问题 5：

运营期第 2 年固定成本 =550−240 × 2+171+69.02=310.02（万元）

设运营期第 2 年产量为 Q：

$450Q-(310.02+240Q)-(450Q \times 13\%-15Q-30.4) \times 12\%=0$

得出 Q=1.50 万件，则运营期第二年产量盈亏平衡点为 1.50 万件。

五、2019 年考题

某企业投资新建一个项目，生产一种市场需求较大的产品。该项目的基础数据如下：

1. 项目建设投资估算为 1 600 万元（含可抵扣进项税 112 万元），建设期为 1 年，运营期为 8 年。建设投资（不含可抵扣进项税）全部形成固定资产，固定资产使用年限为 8 年，残值率为 4%，按直线法折旧。

2. 项目流动资金估算为 200 万元，运营期第 1 年年初投入，在运营期末全部回收。

3. 项目资金来源为自有资金和贷款，建设投资贷款利率为 8%（按年计息），流动资金贷款利率为 5%（按年计息）。建设投资贷款的还款方式为运营期前 4 年等额还本、利息照付。

4. 项目正常年份的设计产能为 10 万件，运营期第 1 年的产能为正常年份产能的 70%。目前市场同类产品的不含税销售价格为 65 ~ 75 元 / 件。

5. 项目资金投入、收益及成本等基础测算数据见表 1.2。

6. 该项目产品适用的增值税税率为 13%，增值税附加综合税税率为 10%，所得税税率为 25%。

表 1.2　项目资金投入、收益及成本表　　单位：万元

序号	项目	第 1 年	第 2 年	第 3 年	第 4 年	第 5 年	第 6 ~ 9 年
1	建设投资 其中：自有资金 贷款本金	1 600 600 1 000					
2	流动资金 其中：自有资金 贷款本金		200 100 100				
3	年产销量 / 万件		7	10	10	10	10
4	年经营成本 其中：可抵扣进项税		210 14	300 20	300 20	300 20	330 25

【问题】

1. 列式计算项目的建设期贷款利息及年固定资产折旧额。

2. 若产品的不含税销售单价确定为 65 元 / 件，列式计算项目运营期第 1 年的增值税、税前利润、所得税、税后利润。

3. 若企业希望项目运营期第 1 年不借助其他资金来源能够满足建设投资贷款还款要求，产品的不含税销售单价至少应确定为多少？

4. 项目运营后期（建设期贷款偿还完成后），考虑到市场成熟后产品价格可能下降，产品单价拟在 65 元的基础上下调 10%，列式计算运营后期正常年份的资本金净利润率。

（注：计算过程和结果数据有小数的，保留两位小数）

【答案】

问题 1：

建设期贷款利息 =1 000 ÷ 2 × 8%=40.00（万元）

年固定资产折旧 =（1 600−112+40）×（1−4%）÷ 8=183.36（万元）

问题 2：

应纳增值税 =65 × 10 × 0.7 × 0.13−14−112=−66.85（万元）<0，

应纳增值税为 0，增值税附加税也为 0。

（1）建设期贷款利息：

运营期第 1 年应计利息 =（1 000+40）× 8%=83.2（万元）

（2）流动资金贷款利息：

运营期第 1 年应计利息 =100 × 5%=5（万元）

（3）总成本费用（不含进项税）=（210−14）+183.36+83.2+5=467.56（万元）

运营期第 1 年的税前利润 =7 × 65−467.56=−12.56（万元）

运营期第 1 年的税前利润 <0，所得税为 0，税后利润为 −12.56 万元。

问题 3：

运营期第 1 年还本 =（1 000+40）÷ 4=260（万元）

设产品的不含税销售单价为 P：

（7 × P−467.56）×（1−25%）+183.36=260

P=81.39（元 / 件）

所以若企业希望项目运营期第 1 年不借助其他资金来源能够满足建设投资贷款还款要求，产品的不含税销售单价至少应确定为 81.39 元 / 件。

问题 4：

增值税 =65 ×（1−10%）× 10 × 13%−25=51.05（万元）

增值税附加 =51.05 × 10%=5.11（万元）

净利润 =［65 ×（1−10%）× 10−（330−25）−183.36−100 × 5%−5.11］×（1−25%）=64.90（万元）

资本金净利润率 =64.90 ÷（600+100）=9.27%

知识点凝练

知识点一：建设投资估算

表 1.3 建设项目总投资的构成

<table>
<tr><td rowspan="7">建设项目总投资</td><td rowspan="6">固定资产投资——工程造价</td><td rowspan="5">建设投资</td><td rowspan="2">工程费用</td><td>设备及工器具购置费</td><td rowspan="4">静态投资</td></tr>
<tr><td>建筑安装工程费</td></tr>
<tr><td>工程建设其他费用</td><td>包括建设单位管理费、用地与工程准备费、市政公用配套设施费、技术服务费、建设期计列的生产经营费、工程保险费、税费等</td></tr>
<tr><td rowspan="2">预备费</td><td>基本预备费</td></tr>
<tr><td>价差预备费</td><td rowspan="2">动态投资</td></tr>
<tr><td colspan="3">建设期利息</td></tr>
<tr><td colspan="5">流动资产投资——流动资金</td></tr>
</table>

表 1.4 固定资产投资估算知识要点

估算顺序	估算内容	估算基数	涉及公式	公式备注
1	设备及工器具购置费； 建筑安装工程费； 工程建设的其他费用	根据背景资料已知数据	①生产能力指数法： $C_2=C_1\left(\frac{Q_2}{Q_1}\right)^x f$ ②设备系数法： $C=E(1+f_1P_1+f_2P_2+f_3P_3+\cdots)+I$ ③主体专业系数法： $C=E(1+f_1P_1'+f_2P_2'+f_3P_3'+\cdots)+I$	C_1（C_2）：已建类似（拟建）项目的投资额； Q_1（Q_2）：已建类似（拟建）项目的生产能力； x：生产能力指数； C：拟建项目投资额； E：拟建项目设备费； P_1、P_2、$P_3\cdots$：已建项目中建筑安装工程费及其他工程费等占设备费的比重； f_1、f_2、$f_3\cdots$：由于时间因素引起的定额、价格、费用标准等变化的综合调整系数； I：拟建项目的其他费用； P_1'、P_2'、$P_3'\cdots$：已建项目中各专业工程费用占设备费的比重

续表 1.4

估算顺序	估算内容	估算基数	涉及公式	公式备注
2	基本预备费	（1）	基本预备费 =（设备及工器具购置费 + 建筑安装工程费 + 工程建设其他费用）× 基本预备费率	（1）+（2）称为静态投资
3	价差预备费	（1）+（2）	$PF=\sum_{t=1}^{n} I_t[(1+f)^m(1+f)^{0.5}(1+f)^{t-1}-1]$	PF：价差预备费； n：建设期年份数； I_t：建设期第 t 年计划投资额； f：年均投资价格上涨率； m：建设前期年限
4	建设期贷款利息	[（1）+（2）+（3）+（4）] – 自有资金	①名义利率转为实际利率： $i=\left(1+\frac{r}{m}\right)^m-1$ ②建设期各年应计利息： $q_j=\left(P_{j-1}+\frac{1}{2}A_j\right)i$	i：年实际利率； r：年名义利率； m：年计息期数； q_j：建设期第 j 年应计利息； P_{j-1}：建设期第 j–1 年末贷款本息和； A_j：建设期第 j 年贷款额

表 1.5　流动资金投资估算要点

估算方法	估算步骤	公式
分项详细估算法	（1）流动资产。 流动资产 = 应收账款 + 预付账款 + 存货 + 现金 （2）流动负债。 流动负债 = 应付账款 + 预收账款 （3）流动资金。 流动资金 = 流动资产 – 流动负债	应收账款 = 年经营成本 / 应收账款年周转次数 预收账款 = 外购商品或服务年费用金额 / 预付账款年周转次数 现金 =（年工资福利费 + 年其他费用）/ 现金年周转次数 存货 = 外购原材料、燃料 + 在产品 + 产成品 + 其他材料 外购原材料、燃料 = 年外购原材料、燃料费用 / 分项年周转次数

知识点二：基于项目投资现金流量表的财务评价

表 1.6　项目投资现金流量表计算要点

项目投资现金流量表结构		各项目计算要点
序号	项目	
	生产负荷 /%	项目投产期逐年递增，直至达产期达到 100%
1	现金流入	各对应年份（1.1）+（1.2）+（1.3）+（1.4）
1.1	营业收入	各年不含税营业收入 = 设计生产能力 × 产品单价（不含税）× 当年生产负荷 各年含税营业收入 = 设计生产能力 × 产品单价（含税）× 当年生产负荷 = 设计生产能力 × 产品单价（不含税）× 当年生产负荷 ×（1+ 增值税税率）
1.2	补贴收入	《建设项目经济评价方法与参数》（第三版）（以下简称《方法与参数》）修订项目，即与收益相关的政府补助
1.3	回收固定资产残（余）值	现金流发生在项目期末， 固定资产残值 = 固定资产原值 × 残值率 固定资产余值 = 年折旧费 ×（固定资产使用年限 – 项目运营期）+ 残值 年折旧费 =（固定资产原值 – 残值）/ 折旧年限
1.4	回收流动资金	项目投产期各年投入的流动资金在项目期末全额回收
2	现金流出	各对应年份（2.1）+（2.2）+（2.3）+（2.4）+（2.5）
2.1	建设投资	根据题目背景资料中的数据得出，不含建设期贷款利息
2.2	流动资金	根据背景资料中投产期各年投入流动资金数额，填入对应年份
2.3	经营成本	根据背景资料中运营期各年实际发生的经营成本数额，填入对应年份
2.4	增值税及附加税	各年增值税及附加税 = 当年增值税应纳税额 + 当年增值税应纳税额 × 增值税附加税税率 当年增值税应纳税额 = 当年销项税额 – 当年进项税额 当年销项税额 = 当年销售额 × 增值税税率 当年进项税额为纳税人当年购进货物或者接受应税劳务支付或者负担的增值税额，当年销项税额小于当年进项税额不足抵扣时，其不足部分可以结转下年继续抵扣
2.5	维持运营投资	《方法与参数》增加项目，即某些项目运营期需投入的固定资产投资，一般为已知
3	所得税前净现金流量	各对应年份（1）–（2）

续表 1.6

项目投资现金流量表结构		各项目计算要点
序号	项目	
4	累计所得税前净现金流量	各年所得税前净现金流量的累计值
5	调整所得税	调整所得税 = 息税前利润（*EBIT*）× 所得税税率 息税前利润（*EBIT*）= 营业收入 + 补贴收入 − 增值税及附加税 − 总成本费用 + 利息支出 = 营业收入 + 补贴收入 − 增值税及附加税 − 经营成本 − 折旧费 − 摊销费 − 维简费 总成本费用 = 经营成本 + 折旧费 + 摊销费 + 维简费 + 利息支出 年摊销费 = 无形资产（或其他资产）/ 摊销年限 利息支出 = 长期借款利息支出 + 流动资金借款利息支出
6	所得税后净现金流量	各对应年份（3）−（5）
7	累计所得税后净现金流量	各年所得税后净现金流量的累计值

基于项目投资现金流量表的财务评价指标：

1. 评价指标：净现值（*FNPV*）、内部收益率（*FIRR*）、静态投资回收期、动态投资回收期（P_t 或 P_t'）。其中：

（1）净现值为表中最后一年的累计折现净现金流量。

（2）静态投资回收期 =（累计净现金流量出现正值的年份 −1）+（出现正值年份上年累计净现金流量绝对值 ÷ 出现正值年份当年净现金流量）。

（3）动态投资回收期 =（累计折现净现金流量出现正值的年份 −1）+（出现正值年份上年累计折现净现金流量绝对值 ÷ 出现正值年份当年折现净现金流量）。

（4）内部收益率 =$FIRR=i_1+(i_2-i_1)\times[FNPV_1\div(FNPV_1+|FNPV_2|)]$。

2. 财务评价：净现值≥ 0，项目可行；内部收益率≥行业基准收益率，项目可行；静态投资回收期≤行业基准回收期，项目可行；动态投资回收期≤项目计算期，项目可行。反之，不可行

知识点三：基于项目资本金现金流量表的财务评价

表 1.7　项目资本金现金流量表计算要点

自有资金现金流量表结构		各项目计算要点
序号	项目	
生产负荷 /%		项目投产期逐年递增，直至达产期达到 100%
1	现金流入	各对应年份（1.1）+（1.2）+（1.3）+（1.4）
1.1	营业收入	各年含税营业收入 = 设计生产能力 × 产品单价（含税）× 当年生产负荷 = 设计生产能力 × 产品单价（不含税）× 当年生产负荷 ×（1+ 增值税税率）

续表 1.7

自有资金现金流量表结构		各项目计算要点
序号	项目	
1.2	补贴收入	《方法与参数》修订项目，即与收益相关的政府补助
1.3	回收固定资产残（余）值	现金流发生在项目期末， 固定资产残值 = 固定资产原值 × 残值率 固定资产余值 = 年折旧费 ×（固定资产使用年限 - 项目营运期）+ 残值 年折旧费 =（固定资产原值 - 残值）/ 折旧年限
1.4	回收流动资金	项目投产期各年投入的流动资金在项目期末全额回收
2	现金流出	各对应年份（2.1）+（2.2）+（2.3）+（2.4）+（2.5）+（2.6）+（2.7）
2.1	项目资本金	建设期各年固定资产投资和投产期各年流动资金投资中的自有资金
2.2	借款本金偿还	各对应年份（2.2.1）+（2.2.2）
2.2.1	长期借款本金偿还	建设期发生的长期借款（含未支付的建设期利息）在运营期各年偿还的本金
2.2.2	流动资金借款本金偿还	投产期发生的流动资金借款在项目期末一次性偿还的本金
2.3	借款利息支付	各对应年份（2.3.1）+（2.3.2）
2.3.1	长期借款利息支付	建设期发生的长期借款（含未支付的建设期利息）在运营期各年支付的利息
2.3.2	流动资金借款利息支付	投产期发生的流动资金借款在运营期各年支付的利息
2.4	经营成本	根据背景资料中运营期各年实际发生的经营成本数额，填入对应年份
2.5	增值税及附加税	各年增值税及附加税 = 当年增值税应纳税额 + 当年增值税应纳税额 × 增值税附加税税率 当年增值税应纳税额 = 当年销项税额 - 当年进项税额 当年销项税额 = 当年销售额 × 增值税税率 当年进项税额为纳税人当年购进货物或者接受应税劳务支付或者负担的增值税额，当年销项税额小于当年进项税额不足抵扣时，其不足部分可以结转下年继续抵扣。

续表 1.7

自有资金现金流量表结构		各项目计算要点
序号	项目	
2.5	增值税及附加税	考试出题中： 增值税（运营期第 1 年）= 当年的销项税 – 当年可抵扣的进项税 – 固定资产中可抵扣的进项税 当年的销项税 = 当年的营业收入（不含税）× 增值税率 增值税（运营期第 2 年及以后）= 当年的销项税 – 当年可抵扣的进项税 – 上一年未抵扣完的进项税 说明：当某年的增值税为负值时，在融资后的财务表格中“应缴纳增值税”一栏应填写为 0，但计算过程应保留其负值，在下一年计算增值税时继续抵扣
2.6	所得税	所得税 =（营业收入 – 增值税及附加 – 总成本费用 – 弥补以前年度亏损）× 所得税税率 总成本费用 = 经营成本 + 折旧费 + 摊销费 + 维简费 + 利息支出 年摊销费 = 无形资产（或其他资产）/ 摊销年限 利息支出 = 长期借款利息支出 + 流动资金借款利息支出
2.7	维持运营投资	《方法与参数》增加项目，即某些项目运营期需投入的固定资产投资
3	净现金流量	各对应年份（1）–（2）
4	累计净现金流量	各年净现金流量的累计值
5	折现系数	第 t 年折现系数：$(1+i)^{-t}$（t=1，…，n）
6	折现净现金流量	各对应年份（3）×（5）
7	累计折现净现金流量	各年折现净现金流量的累计值

基于项目资本金现金流量表的财务评价指标：

1. 评价指标：净现值（*FNPV*）、内部收益率（*FIRR*）、静态投资回收期、动态投资回收期（P_t 或 P_t'）。其中：

（1）净现值为表中最后一年的累计折现净现金流量。

（2）静态投资回收期 =（累计净现金流量出现正值的年份 –1）+（出现正值年份上年累计净现金流量绝对值 ÷ 出现正值年份当年净现金流量）。

（3）动态投资回收期 =（累计折现净现金流量出现正值的年份 –1）+（出现正值年份上年累计折现净现金流量绝对值 ÷ 出现正值年份当年折现净现金流量）。

（4）内部收益率 $=FIRR=i_1+(i_2-i_1)\times[FNPV_1\div(|FNPV_1|+|FNPV_2|)]$。

2. 财务评价：净现值≥ 0，项目可行；内部收益率≥行业基准收益率，项目可行；静态投资回收期≤行业基准回收期，项目可行；动态投资回收期≤项目计算期，项目可行。反之，不可行

知识点四：基于利润与利润分配表的财务评价

表 1.8 利润与利润分配表计算要点

利润与利润分配表结构		各项目计算要点
序号	项目	
生产负荷 /%		项目投产期逐年递增，直至达产期达到 100%
1	营业收入	各年不含税营业收入 = 设计生产能力 × 产品单价（不含税）× 当年生产负荷 各年含税营业收入 = 设计生产能力 × 产品单价（含税）× 当年生产负荷 = 设计生产能力 × 产品单价（不含税）× 当年生产负荷 ×（1+ 增值税税率）
2	增值税及附加税	各年增值税及附加税 = 当年增值税应纳税额 + 当年增值税应纳税额 × 增值税附加税税率 当年增值税应纳税额 = 当年销项税额 – 当年进项税额 当年销项税额 = 当年销售额 × 增值税税率 当年进项税额为纳税人当年购进货物或者接受应税劳务支付或者负担的增值税额，当年销项税额小于当年进项税额不足抵扣时，其不足部分可以结转下年继续抵扣
3	总成本费用	总成本费用 = 经营成本 + 折旧费 + 摊销费 + 维简费 + 利息支出 年摊销费 = 无形资产（或其他资产）/ 摊销年限 利息支出 = 长期借款利息支出 + 流动资金借款利息支出
4	补贴收入	《方法与参数》修订项目，即与收益相关的政府补助，一般已知
5	利润总额	（1）–（2）–（3）+（4）
6	弥补以前年度亏损	利润总额中用于弥补以前年度亏损的部分
7	应纳所得税额	（5）–（6）
8	所得税	（7）× 所得税税率（应纳税所得额为正数）
9	净利润	（5）–（8）
10	期初未分配利润	上一年留存的利润
11	可供分配的利润	（9）+（10）–（6）
12	提取法定盈余公积金	（9）× 10%
13	可供投资者分配的利润	（11）–（12）
14	应付优先股股利	可根据企业性质和具体情况选择填列

续表 1.8

<table>
<tr><th colspan="2">利润与利润分配表结构</th><th rowspan="2">各项目计算要点</th></tr>
<tr><th>序号</th><th>项目</th></tr>
<tr><td>15</td><td>提取任意盈余公积金</td><td>可根据企业性质和具体情况选择填列</td></tr>
<tr><td>16</td><td>应付普通股股利</td><td>可根据企业性质和具体情况选择填列</td></tr>
<tr><td rowspan="3">17</td><td>各投资方利润分配</td><td>可根据企业性质和具体情况选择填列</td></tr>
<tr><td>其中：××方</td><td></td></tr>
<tr><td>××方</td><td></td></tr>
<tr><td>18</td><td>未分配利润</td><td>（13）－（14）－（15）－（17）</td></tr>
<tr><td>18.1</td><td>用于还款利润</td><td>可能会出现以下两种情况：
第一种：未分配利润＋折旧费＋摊销费 < 该年应还本金，则该年的未分配利润全部用于还款，不足部分为该年的资金亏损，并需用临时借款来弥补偿还本金的不足部分。
第二种：未分配利润＋折旧费＋摊销费 > 该年应还本金，则该年为资金盈余年份，用于还款的未分配利润按以下公式计算：该年用于还款未分配利润＝当年应还本金－折旧费－摊销费。
也可根据偿债备付率是否大于 1 判断可否满足还款要求。
计算公式如下：
偿债备付率＝可用于还本付息的资金 / 当期应还本付息的金额＝（息税前利润加折旧和摊销－企业所得税）/ 当期应还本付息的金额＝（折旧和摊销＋可用于还款的未分配利润＋总成本费用中列支的利息费用）/ 当期应还本付息的金额＝（营业收入－经营成本－增值税附加税－所得税）/ 当期应还本付息的金额</td></tr>
<tr><td>18.2</td><td>剩余利润（转下年期初未分配利润）</td><td>剩余利润转下年期初未分配利润＝（18）－（18.1）</td></tr>
<tr><td>19</td><td>息税前利润</td><td>息税前利润（EBIT）＝利润总额＋利息支出</td></tr>
<tr><td>20</td><td>息税折旧摊销前利润</td><td>息税折旧摊销前利润（EBIT）＝息税前利润＋折旧费＋摊销费</td></tr>
<tr><td>财务评价指标</td><td colspan="2">基于利润与利润分配表的财务评价：
1. 主要评价指标：总投资收益率（ROI）、项目资本金净利润率（ROE）
2. 相关计算公式：
总投资收益率（ROI）＝［正常年份（或运营期内年平均）息税前利润 / 总投资］×100%
资本金净利润率（ROE）＝［正常年份（或运营期内年平均）净利润 / 项目资本金］×100%
3. 财务评价：总投资收益率≥行业收益率参考值，项目可行；项目资本金净利润率≥行业资本金净利润率，项目可行</td></tr>
</table>

知识点五：建设期借款利息的偿还

表 1.9　建设期借款利息的偿还方式

偿还方式	定义	公式
等额本金法	运营期内某几年等额还本，利息照付	每年应还等额的本金 = 建设期本利和 / 还款年限 某年应付利息 = 当年期初本利和 × 年利率
等额本息法	运营期内某几年等额还本付息（即每年应还的本息和相等）	每年应还的等额本息和 $A=P\times(A/P,\ i,\ n)=P\times\frac{(1+i)^n\times i}{(1+i)^n-1}$
最大能力偿还法	运营期某年最大能力可用于还本付息的资金	最大偿还能力 = 营业收入（不含销项税额）+ 补贴收入 − 经营成本（不含进项税额）− 增值税附加税 − 所得税 = 营业收入（含销项税额）+ 补贴收入 − 经营成本（含进项税额）− 增值税税金及附加税 − 所得税 = 未分配利润 + 利息 + 折旧费 + 摊销费 = 息税折旧摊销前利润 − 所得税

知识点六：盈亏平衡分析

盈亏平衡分析是研究建设项目特别是工业项目产品生产成本、产销量与盈利的平衡关系的方法。对于一个建设项目而言，随着产销量的变化，盈利与亏损之间一般至少有一个转折点，我们称这个转折点为盈亏平衡点 BEP（Break Even Point），在这点上，销售收入与成本费用相等，既不亏损也不盈利。盈亏平衡分析就是要找出项目方案的盈亏平衡点。一般来说，对项目的生产能力而言，盈亏平衡点越低，项目的盈利可能性就越大，对不确定性因素变化带来的风险的承受能力就越强。

盈亏平衡状态时，"收入 = 成本"，并假定"产量 = 销量"，则有：

（不含税产品单价 + 单位产品销项税额）× 产量 = 年固定成本 +（不含税单位产品可变成本 + 单位产品进项税额）× 产量 + 单位产品增值税 ×（1+ 增值税附加税税率）× 产量　（1.1）

（不含税产品单价 + 单位产品销项税额）× 产量 = 年固定成本 +（不含税单位产品可变成本 + 单位产品进项税额）× 产量 +（单位产品销项税额 − 单位产品进项税额）×（1+ 增值税附加税税率）× 产量　（1.2）

不含税产品单价 × 产量 = 年固定成本 + 不含税单位产品可变成本 × 产量 + 单位产品增值税 × 增值税附加税税率 × 产量　（1.3）

可以利用以上公式建立一元一次方程，求解出项目的盈亏平衡产量或盈亏平衡单价。

如：产量盈亏平衡点 =

$$\frac{年固定成本}{不含税产品单价-不含税单位产品可变成本-单位产品增值税\times增值税附加税税率}\quad(1.4)$$

本章考点统计

本章考点统计表

考点		年份				
		2023	2022	2021	2020	2019
建设投资估算	建设期贷款利息	建设期贷款利息		建设期贷款利息	建设期贷款利息	建设期贷款利息
	固定资产折旧额	固定资产折旧额	固定资产折旧额	固定资产折旧额	固定资产折旧额	固定资产折旧额
	流动资金			流动资金		
建设项目财务分析	收入	已知单位产品不含税销售价格	已知不含销项税营业收入	已知不含销项税营业收入	已知单位产品不含税销售价格	
	折旧	直线法折旧计算固定资产折旧额	直线法折旧计算固定资产折旧额	直线法折旧计算固定资产折旧额	直线法折旧计算固定资产折旧额	直线法折旧计算固定资产折旧额
	利息	等额还本计息计算		等额还本计息计算	等额还本计息计算	等额还本计息计算
	成本	总成本费用计算	总成本费用计算	总成本费用计算	经营成本和总成本费用计算	总成本费用计算
	利润	利润总额和净利润计算	利润总额	净利润计算	利润总额和净利润计算	利润总额和净利润计算
	税收	增值税及增值税附加，所得税	增值税及增值税附加，所得税	增值税及增值税附加	增值税及增值税附加	增值税及增值税附加，所得税
	投资现金流量表		项目投资收益率计算			
	资本金利润表	盈余资金				资本金净利润率计算
	利润表			判断运营还款能力	判断运营还款能力	判断运营还款能力
不确定性分析					产量、盈亏平衡点	单价、盈亏平衡点

本章考点点评

通过对近 5 年的考题统计，涉及的考点主要是建设投资构成中建设投资、建设期贷款利息、固定资产折旧额、流动资金的计算；建设项目财务分析指标收入、折旧费、利息、成本、利润、税收等指标的计算，主要集中在直线法折旧计算固定资产折旧额、等额还本计息法计算本金和利息、总成本费用、利润总额和净利润、增值税及附加税、所得税、资本金净利润率、投资现金流量表、还款能力判断等；不确定性分析中的产量、单价及盈亏平衡点的计算。

建设投资构成中需要重点掌握的建设投资组成的计算、建设期贷款利息计算、固定资产折旧额计算。建设项目财务分析部分需要重点掌握的有成本、利润、所得税等指标的计算，增值税、增值税附加税的计算、还款能力判断。近年来以上知识点是高频考点，其次资本金净利润率、投资现金流量表、不确定性分析等需要理解，近年的考点也有所涉及。另外，还要注意各指标之间的关系和相互影响，保证计算的正确性。

第二章

工程设计、施工方案技术经济分析

真题解析

一、2023 年考题（部分）

某国有资金投资依法必须招标的省级重点项目，采用工程量清单方式进行施工招标。在招标投标过程中发生如下事件：

事件 1：招标人认为招标项目技术复杂且自然环境条件恶劣，建议招标代理机构采用邀请招标方式进行招标，直接邀请多家综合实力强、施工经验丰富的大型总承包单位参加投标。

事件 2：投标截止日前 5 日，招标人对项目技术要求和工程量清单做了部分修改，开标时间不变。投标人甲提出异议，认为此修改影响投标文件的编制，应当顺延开标时间。

事件 3：由于外界因素影响，招标人决定延长投标有效期，投标人乙认为自己中标无望，拒绝延长投标有效期，并要求退还投标保证金。丙同意延长投标有效期但不同意延长投标保证金的有效期，并提出修改投标文件中的工期。其余投标人均同意招标人延长投标有效期的决定。

确定中标人后，业主与中标单位签订了施工合同。施工单位编制的某分部工程网络计划如图 2.1 所示。该分部工程由工作 A、B、C、D、E、F 组成，箭线上分括号外数字为正常工作时间直接费（万元），括号内数字为最短工作时间直接费（万元），箭线下方括号外数字为正常工作时间（天），括号内数字为最短工作持续时间（天）。正常工作时间间接费为 26.7 万元，间接费率为 0.3 万元 / 天。

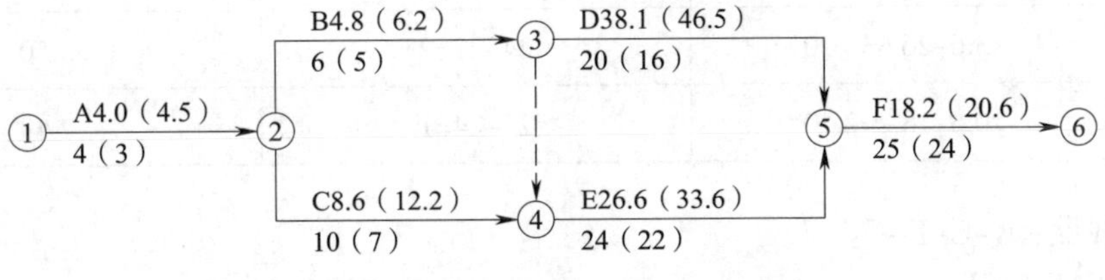

图 2.1　某分部工程网络计划图

【问题】

1. 列出该分部工程网络计划的关键线路，并计算该线路各工作的直接费率，填入表 2.1。计算该分部工程的正常工期和相应的总费用。由于前期其他分部工程延误，施工单位需要用60天完成该分部工程才能不影响后续工程工期，为此应压缩哪几项工作？压缩后的该分部工程总费用为多少万元？

表 2.1 各工作的直接费率计算表

代号	最短时间直接费－正常时间直接费	正常持续时间－最短持续时间	直接费率 /（万元 / 天）
A			
B			
C			
D			
E			
F			

2. 根据合同约定，工期每提前1天，可得奖励1万元，若不考虑其他因素，仅针对该分部工程继续压缩哪些工作对施工方有利？并说明理由。

（注：计算结果以万元为单位，保留两位小数）

【答案】

问题1：

表 2.1 各工作的直接费率计算表

代号	最短时间直接费－正常时间直接费	正常持续时间－最短持续时间	直接费率 /（万元 / 天）
A	4.5–4=0.50	4–3=1	0.50
B	6.2–4.8=1.40	6–5=1	1.40
C	12.2–8.6=3.60	10–7=3	1.20
D	46.5–38.1=8.40	20–16=4	2.10
E	33.6–26.6=7.00	24–22=2	3.50
F	20.6–18.2=2.40	25–24=1	2.40

关键线路：A–C–E–F。

正常工期63天。

分部分项工程总费用 =4+4.8+8.6+38.1+26.6+18.2+26.7=127.00（万元）

目标为 63–60=3（天）

第一次压缩：A工作压缩1天，第二次压缩：C工作压缩2天。

压缩后分项工程总费用 =127+0.5+1.2×2–0.3×3=129.00（万元）

问题 2：

继续压缩 C 工作 1 天对施工方有利；

理由：压缩 C 工作 1 天增加直接费 1.20 万元 < 工期奖励 1 万元 + 间接费率 0.30 万元。

二、2022 年考题

某国有企业投资兴建一大厦，通过公开招标方式进行施工招标，选定了某承包商，土建工程的合同价格为 20 300 万元（不含税），其中利润为 800 万元。该土建工程由地基基础工程（A）、主体结构工程（B）、装饰工程（C）、屋面工程（D）、节能工程（E）五个分部工程组成，中标后该承包商经过认真测算、分析，各分部工程的功能得分和成本所占比例见表 2.2。

表 2.2 各分部工程功能得分和成本比例表

分部工程项目	A	B	C	D	E
功能得分	26	35	22	9	16
成本所占比例	0.24	0.33	0.20	0.08	0.15

建设单位要求设计单位提供楼宇智能化方案供选择，设计单位提供了两个能够满足建设单位要求的方案，本项目的造价咨询单位对两个方案的相关费用和收入进行了测算，有关数据见表 2.3。建设期为 1 年，不考虑期末残值，购置、安装费及所有收支费用均发生在年末，年复利率为 8%，现值系数见表 2.4。

表 2.3 两个方案的基础数据表

方案	项目					
	购置、安装费 / 万元	大修理周期 / 年	每次大修理费 / 万元	使用年限 / 年	年运行收入 / 万元	年运行维护费 / 万元
方案一	1 500	15	160	45	250	80
方案二	1 800	10	100	40	280	75

表 2.4 现值系数表

n	1	10	15	20	30	40	41	45	46
$(P/A, 8\%, n)$	0.926	6.710	8.559	9.818	11.258	11.925	11.967	12.109	12.137
$(P/F, 8\%, n)$	0.926	0.463	0.315	0.215	0.099	0.046	0.043	0.031	0.029

【问题】

1. 承包商以分部工程为对象进行价值工程分析，计算各分部工程的功能指数及目前成本。

2. 承包商制订了强化成本管理方案，计划将目标成本额控制在 18 500 万元以内，计算各分部工程的目标成本及其可能降低额度，并据此确定各分部工程成本管控的优先顺序。

3. 若承包商的成本管理方案能够得到可靠实施，但施工过程中占工程成本 50% 的材料费仍有可能上涨，经预测上涨 10% 的概率为 0.6，上涨 5% 的概率为 0.3，则承包商在该工程的期望成本利润率应为多少？

4. 对楼宇智能化方案采用净年值法计算分析，建设单位应选择哪个方案？

（注：计算过程和结果均保留三位小数）

【答案】

问题 1：

各分部工程功能指数：

26+35+22+9+16=108

A 功能指数 =26/108=0.241

B 功能指数 =35/108=0.324

C 功能指数 =22/108=0.204

D 功能指数 =9/108=0.083

E 功能指数 =16/108=0.148

总目前成本 =20 300–800=19 500.000（万元）

A 目前成本 =19 500 × 0.24=4 680.000（万元）

B 目前成本 =19 500 × 0.33=6 435.000（万元）

C 目前成本 =19 500 × 0.20=3 900.000（万元）

D 目前成本 =19 500 × 0.08=1 560.000（万元）

E 目前成本 =19 500 × 0.15=2 925.000（万元）

问题 2：

各分部工程目标成本：

A 目标成本 =18 500 × 0.241=4 458.500（万元）

B 目标成本 =18 500 × 0.324=5 994.000（万元）

C 目标成本 =18 500 × 0.204=3 774.000（万元）

D 目标成本 =18 500 × 0.083=1 535.500（万元）

E 目标成本 =18 500 × 0.148=2 738.000（万元）

各分部工程成本降低额：

A 成本降低额 =4 680–4 458.5=221.500（万元）

B 成本降低额 =6 435–5 994=441.000（万元）

C 成本降低额 =3 900–3 774=126.000（万元）

D 成本降低额 =1 560–1 535.5=24.500（万元）

E 成本降低额 =2 925–2 738=187.000（万元）

各分部工程成本管控优先顺序：B、A、E、C、D 。

问题 3：

期望成本材料费增加 =9 250 ×（1.1 × 0.6+1.05 × 0.3+1 × 0.1–1）=693.750（万元）

利润 =20 300–（18 500+693.75）=1 106.250（万元）

期望成本利润率＝ 1 106.250 ÷（18 500+693.750）=5.764%

问题 4：

方案一净年值 =［-1 500-160×（*P*/*F*，8%，15）-160×（*P*/*F*，8%，30）+（250-80）×（*P*/*A*，8%，45）］×（*P*/*F*，8%，1）/（*P*/*A*，8%，46）=（-1 500-160×0.315-160×0.099+170×12.109）×0.926/12.137=37.560（万元）

方案二净年值 =［-1 800-100×（*P*/*F*，8%，10）-100×（*P*/*F*，8%，20）-100×（*P*/*F*，8%，30）+（280-75）×（*P*/*A*，8%，40）］×（*P*/*F*，8%，1）/（*P*/*A*，8%，41）=（-1 800-100×0.463-100×0.215-100×0.099+205×11.925）×0.926/11.967=43.868（万元）

由于方案二的净年值较大，因此建设单位应选择方案二。

三、2021 年考题

某利用原有仓储库房改建养老院项目，有三个可选设计方案。

方案一：不改变原建筑结构和外立面装修，内部格局和装修做部分调整；

方案二：部分改变原建筑结构，外立面装修全部拆除重做，内部格局和装修做较大调整；

方案三：整体拆除新建。

三个方案的基础数据见表 2.5。假设初始投资发生在期初，维护费用和残值发生在期末。

表 2.5　各设计方案的基础数据

项目	方案一	方案二	方案三
初始投资 / 万元	1 200	1 800	2 100
维护费用 /（万元 / 年）	150	130	120
使用年限 / 年	30	40	50
残值 / 万元	20	40	70

经建设单位组织的专家组评审，决定从施工工期（Z1）、初始投资（Z2）、维护费用（Z3）、空间利用（Z4）、使用年限（Z5）、建筑能耗（Z6）六个指标对设计方案进行评价。专家组采用 0—1 评分方法对各指标的重要程度进行评分，评分结果见表 2.6。专家组对各设计方案评价指标打分的算术平均值见表 2.7。

表 2.6　指标重要程度评分表

指标	Z1	Z2	Z3	Z4	Z5	Z6
Z1	×	0	0	1	1	1
Z2	1	×	1	1	1	1
Z3	1	0	×	1	1	1
Z4	0	0	0	×	0	1
Z5	0	0	0	1	×	1
Z6	0	0	0	0	0	×

表 2.7 各设计方案评价指标打分算术平均值

指标	方案一	方案二	方案三
Z1	10	8	7
Z2	10	7	6
Z3	8	9	10
Z4	6	9	10
Z5	6	8	10
Z6	7	9	10

【问题】

1. 计算各评价指标的权重。

2. 按 Z1 到 Z6 组成的评价指标体系，采用综合评审法对三个方案进行评价，并推荐最优方案。

3. 为了进一步对三个方案进行比较，专家组采用结构耐久度、空间利用、建筑能耗、建筑外观四个指标作为功能项目，经综合评价确定的三个方案的功能指数分别为：方案一 0.241，方案二 0.351，方案三 0.408。在考虑初始投资、维护费用和残值的前提下，已知方案一和方案二的寿命期年费用分别为 256.415 万元和 280.789 万元，试计算方案三的寿命期年费用，并用价值工程方法选择最优方案。年复利率为 8%，现值系数见表 2.8。

4. 在选定方案二的前提下，设计单位提出，通过增设护理监测系统降低维护费用，该系统又有 A、B 两个设计方案。方案 A 初始投资 60 万元，每年降低维护费用 8 万元，每 10 年大修一次，每次大修费用 20 万元；方案 B 初始投资 100 万元，每年降低维护费用 11 万元，每 20 年大修一次，每次大修费用 50 万元，试分别计算 A、B 两个方案的净现值，并选择最优方案。

（注：计算过程和结果均保留三位小数）

表 2.8 现值系数表

n	10	20	30	40	50
$(P/A, 8\%, n)$	6.710	9.818	11.258	11.925	12.233
$(P/F, 8\%, n)$	0.463	0.215	0.099	0.046	0.021

【答案】

问题 1：

各评价指标的权重见表 2.9。

表 2.9 指标权重表

指标	Z1	Z2	Z3	Z4	Z5	Z6	得分	修正得分	权重
Z1	×	0	0	1	1	1	3	4	0.190
Z2	1	×	1	1	1	1	5	6	0.286

续表 2.9

指标	Z1	Z2	Z3	Z4	Z5	Z6	得分	修正得分	权重
Z3	1	0	×	1	1	1	4	5	0.238
Z4	0	0	0	×	0	1	1	2	0.095
Z5	0	0	0	1	×	1	2	3	0.143
Z6	0	0	0	0	0	×	0	1	0.048
合计							15	21	1.000

问题 2：

方案一：10×0.190+10×0.286+8×0.238+6×0.095+6×0.143+7×0.048=8.428

方案二：8×0.190+7×0.286+9×0.238+9×0.095+8×0.143+9×0.048=8.095

方案三：7×0.190+6×0.286+10×0.238+10×0.095+10×0.143+10×0.048=8.286

方案一为最优方案。

问题 3：

（1）120+2 100/（*P/A*，8%，50）−70×（*P/F*，8%，50）/（*P/A*，8%，50）=120+2 100/12.233−70×0.021/12.233=291.547（万元）

年费用之和 =256.415+280.789+291.547=828.751（万元）

（2）成本指数：

方案一：256.415/828.751=0.309

方案二：280.789/828.751=0.339

方案三：291.547/828.751=0.352

价值指数：

方案一：0.241/0.309=0.780

方案二：0.351/0.339=1.035

方案三：0.408/0.351=1.159

方案三是最优方案。

问题 4：

A 方案费用现值 =（1 800+60）+（130−8）×（*P/A*，8%，40）+20×（*P/F*，8%，10）+20×（*P/F*，8%，20）+20×（*P/F*，8%，30）−40×（*P/F*，8%，40）=3 328.55（万元）

B 方案费用现值 =（1 800+100）+（130−11）×（*P/A*，8%，40）+50×（*P/F*，8%，20）−40×（*P/F*，8%，40）=3 327.985（万元）

B 方案费用净现值较小，因此，选择 B 方案为最优方案。

四、2020 年考题（部分）

某国有资金投资的施工项目，采用工程量清单公开招标，并按规定编制了最高投标限价。同时该项目采用单价合同，工期为 180 天。共有 A、B、C、D、E、F、G、H 等八家投标人参加了投标。

投标人 A 针对 2 万 m^2 的模板项目提出了两种可行方案进行比选，方案一的人工费为 12.5 元 /m^2，材料费及其他费用为 90 万元，方案二的人工费为 19.5 元 /m^2，材料费及其他费用为 70 万元。

【问题】

若从总费用角度考虑，投标人 A 应选用哪种模板方案？若投标人 A 经过技术指标分析后得出方案一、方案二的功能指数分别是 0.54 和 0.46，以单方模板费用作为成本比较对象，试用价值指数法选择较经济的模板方案。

（注：计算过程和计算结果均保留两位小数）

【答案】

（1）方案一模板费用 =12.5 × 2+90=115.00（万元）

方案二模板费用 =19.5 × 2+70=109.00（万元）

若从总费用角度考虑，方案一模板费用 > 方案二模板费用（115.00>109.00），方案二模板费用较低，所以选择方案二。

（2）方案一成本 =115 ÷ 2=57.2（元 /m^2）

方案二成本 =109 ÷ 2=54.50（元 /m^2）

方案一成本指数 =57.2 ÷（57.2+54.5）=0.51

方案二成本指数 =54.5 ÷（57.2+54.5）=0.49

方案一价值指数 =0.54 ÷ 0.51=1.06

方案二价值指数 =0.46 ÷ 0.49=0.94

从价值指数角度考虑，方案一价值指数 > 方案二价值指数（1.06>0.94），所以方案一为较经济方案。

五、2019 年考题（部分）

某工程，业主采用公开招标方式选择施工单位，委托具有造价咨询资质的机构编制了该项目的招标文件和最高投标限价（最高投标限价为 600 万元，其中暂列金额为 50 万元），按照招标文件规定：评标采用经评审的最低报价法，A、B、C、D、E、F、G 共 7 家，企业通过了资格预审（其中，D 企业为 D_1、D_2 企业组成的联合体），且均在投标截止日期前提交了投标文件。

A 企业结合自身情况和投标经验，认为该工程项目投高价标的中标概率为 40%。投低价标的中标概率为 60%，投高价标中标后，收益效果好、中、差三种可能性的概率分别为 30%、60%、10%，计入投标费用后的净损益值分别为 40 万元、35 万元、30 万元，投低价标中标后，收益效果好、中、差三种可能性的概率分别为 15%、60%、25%，计入投标费用后的净损益值分别为 30 万元、25 万元、20 万元；投标发生的相关费用为 5 万元。企业经测算、评估后，最终选择了投低价标，投标价为 500 万元。

【问题】

绘制 A 企业投标决策树，列式计算并说明 A 企业选择投低价标是否合理？

【答案】

A 企业投标决策树如图 2.2 所示。

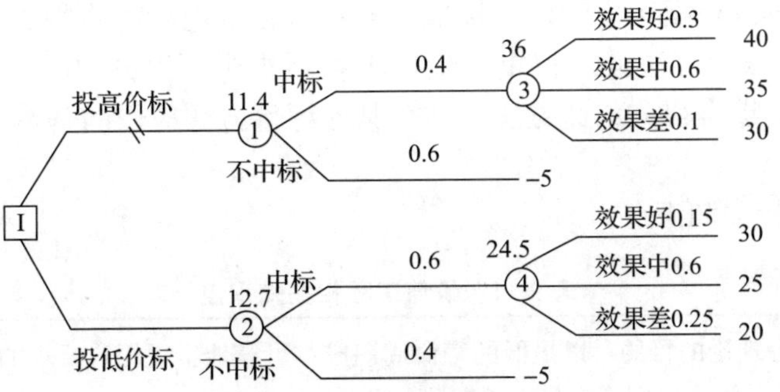

图 2.2　A 企业投标决策树

机会节点③期望利润 =40 × 30%+35 × 60%+30 × 10%=36（万元）

机会节点④期望利润 =30 × 15%+25 × 60%+20 × 25%=24.5（万元）

机会节点①期望利润 =36 × 40%−5 × 60%=11.4（万元）

机会节点②期望利润 =24.5 × 60%−5 × 40%=12.7（万元）

由于投低价标期望利润 > 投高价标期望利润（12.7>11.4），所以 A 企业选择投低价标合理。采用决策树法对投标策略的期望利润进行计算和比较，确定投低价标为最优策略。

知识点凝练

知识点一：价值工程分析

1. 权重的确定方法。

表 2.10　权重的确定方法

权重确定方法	0—1 评分法	0—4 评分法
特点	两指标（或功能）相比较时，不论两者的重要程度相差多大，较重要的得 1 分，较不重要的得 0 分	按 0—4 评分法的规定，两个功能因素比较时，其相对重要程度有以下三种基本情况： （1）很重要的功能因素得 4 分，另一个很不重要的功能因素得 0 分； （2）较重要的功能因素得 3 分，另一个较不重要的功能因素得 1 分； （3）同样重要或基本同样重要时，两个功能因素各得 2 分
备注	采用 0—1 评分法确定指标重要程度得分时，会出现合计得分为零的指标（或功能），需要将各指标合计得分分别加 1 进行修正，用修正得分除以总得分即为功能权重	两两相比计算各功能得分，之后计算汇总各功能得分，最后计算功能权重

2. 综合评分法（也可以称为综合评价法或加权评分法）。

基本原理：根据方案的具体情况，首先确定评价指标；其次根据指标的重要程度，分配指标权重；再次根据相应的评价标准，分别对各备选方案的各个评价指标打分，也可采用0—1、0—4评分法计算权重；最后将各项指标所得分数与其权重相乘并汇总，得出各备选方案的综合得分；此方法为结合其他评价方法应用的基本方法。解题时注意权重的和为1。

3. 价值工程相关知识点。

表 2.11　价值工程相关知识点

<table>
<tr><td>原理</td><td colspan="3">价值工程理论的目的：以最低的寿命周期成本可靠地实现用户要求的功能，即达到所需功能时应满足寿命周期成本最小，即：$V=F/C$</td></tr>
<tr><td rowspan="5">步骤</td><td>1. 确定各项功能的功能重要系数</td><td colspan="2">运用0—1评分法或0—4评分法对功能重要性评分，并计算功能重要性系数（即功能权重）</td></tr>
<tr><td>2. 计算各方案的功能加权得分</td><td colspan="2">根据专家对功能的评分表和功能重要性系数，分别计算各方案的功能加权得分</td></tr>
<tr><td>3. 计算功能指数</td><td>第 i 个评价对象的功能指数 F_i（$\sum F_i=1$）$=\dfrac{\text{第 } i \text{ 个评价对象的功能得分 } D_i}{\text{全部功能得分值} \sum D_i}$</td><td>单独以功能指数法评价方案时以 $\max\{D_i\}$ 对应方案为最优</td></tr>
<tr><td>4. 计算成本指数</td><td>第 i 个评价对象的成本指数 C_i' $=\dfrac{\text{第 } i \text{ 个评价对象的现实成本 } C_i}{\text{全部成本值} \sum C_i}$</td><td>计算过程中现实成本为寿命周期成本（等于生产成本＋维护成本）</td></tr>
<tr><td>5. 计算价值指数</td><td>第 i 个评价对象的价值指数 V_i $=\dfrac{\text{第 } i \text{ 个评价对象的功能指数 } F_i}{\text{第 } i \text{ 个评价对象的成本指数 } C_i}$</td><td>以价值系数为评价指标对不同方案进行评价时以 $\max\{D_i\}$ 对应方案为最优</td></tr>
<tr><td>价值指数的判断</td><td colspan="3">在运用价值工程对方案的功能进行分析时，各功能的价值指数有以下三种情况：
1. $V_i=1$，说明该功能的重要性与其成本的比重大体相当，是合理的，无须再进行价值工程分析；
2. $V_i<1$，说明该功能不太重要，而目前成本比重偏高，可能存在过剩功能，应作为重点分析对象，寻找降低成本的途径；
3. $V_i>1$，出现这种结果的原因较多，其中较常见的是：该功能较重要，而目前成本偏低，可能未能充分实现该重要功能，应适当增加成本，以提高该功能的实现程度</td></tr>
<tr><td>方案比较</td><td colspan="3">①利用价值指数确定最佳方案；②按照目标成本要求调整方案；③按照功能项目目标成本降低额进行功能改进顺序排序。
注意实际利润率的计算要求和按照功能指数分配目标成本的计算要求，注意成本降低额、成本降低率、实际利润额、实际利润率的计算</td></tr>
</table>

知识点二：资金时间价值分析

1. 资金时间价值分析相关内容。

表 2.12　资金时间价值分析

	支付方式	现金流量图及基本公式		系数名称
资金时间价值计算公式	一次支付终值	$F=P(1+i)^n$ $=P\cdot(F/P,\ i,\ n)$	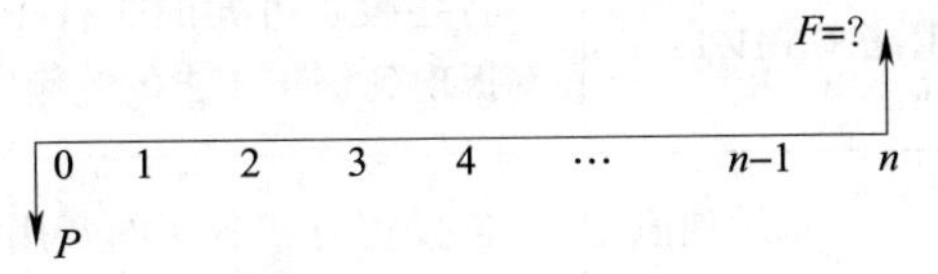	$(1+i)^n$称为终值系数
	一次支付现值	$P=F(1+i)^{-n}$ $=F\cdot(P/F,\ i,\ n)$	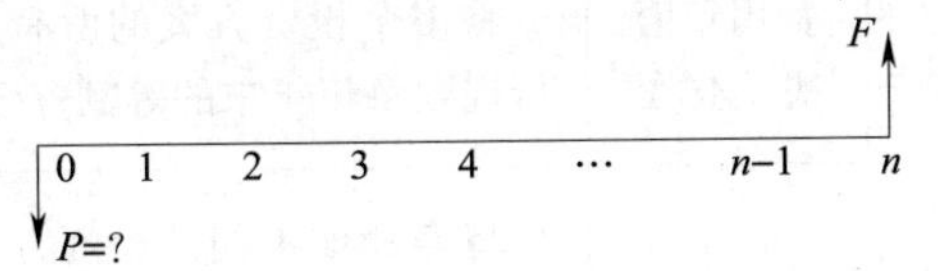	$(1+i)^{-n}$称为现值系数
	等额现金终值	$F=A\dfrac{(1+i)^n-1}{i}$ $=A\cdot(F/A,\ i,\ n)$	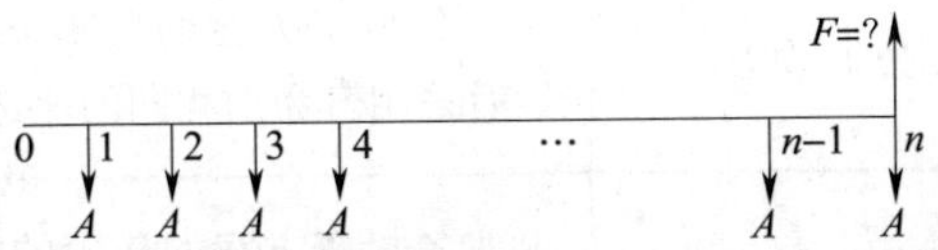	$\dfrac{(1+i)^n-1}{i}$称为年金终值系数
	等额资金偿债基金	$A=F\dfrac{i}{(1+i)^n-1}$ $=F\cdot(A/F,\ i,\ n)$	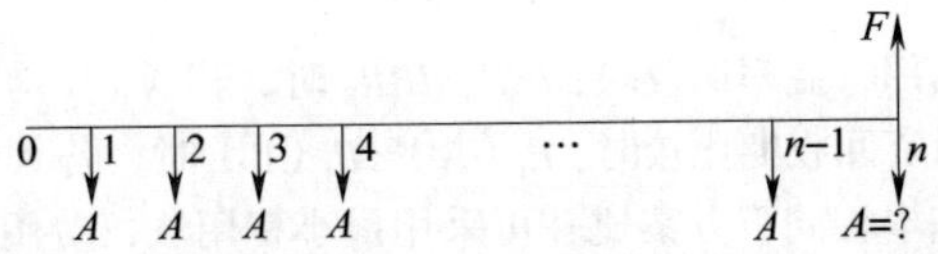	$\dfrac{i}{(1+i)^n-1}$称为偿债资金系数
	等额资金回收	$A=\dfrac{i(1+i)^n\cdot P}{(1+i)^n-1}$ $=P\cdot(A/P,\ i,\ n)$	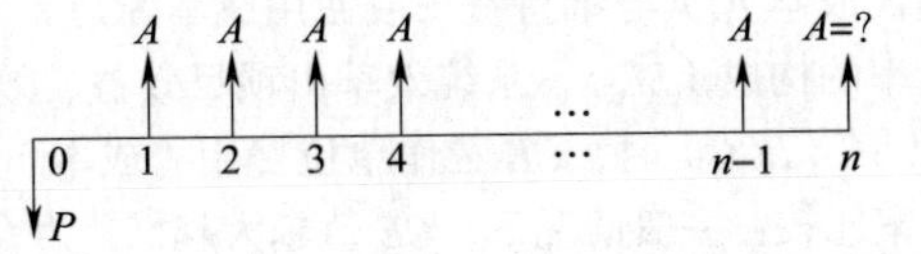	$\dfrac{i(1+i)^n}{(1+i)^n-1}$称为资金回收系数
	等额资金现值	$P=\dfrac{(1+i)^n-1}{i(1+i)^n}\cdot A$ $=P\cdot(P/A,\ i,\ n)$	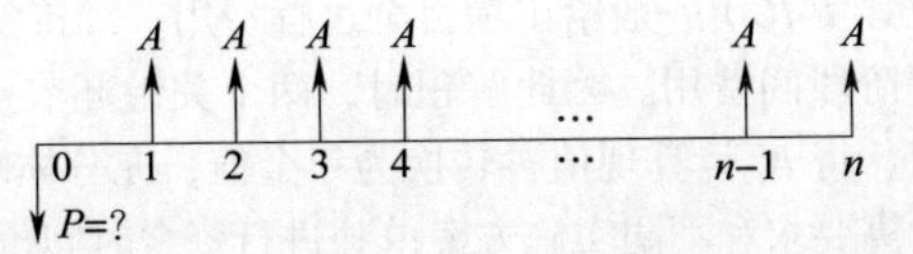	$\dfrac{(1+i)^n-1}{i(1+i)^n}$称为年金现值系数

2. 技术经济方案比选要求。

表 2.13 技术经济方案比选

<table>
<tr><th>前提</th><th colspan="2">方法</th><th>比较和选择</th></tr>
<tr><td rowspan="4">评价方案寿命期相同</td><td colspan="2">净现值法（NPV）</td><td>按行业基准收益率或设定的收益率，将各年的净现金流量折现到项目建设起点（建设期）初始点的现值之和，$NPV \geqslant 0$ 项目可行。净现值越大，方案越优</td></tr>
<tr><td colspan="2">净年值法（NAV）</td><td>将各投资方案的所有净现金流量通过基准收益率或设的收益率折现到每年年末的等额资金，进行方案选优</td></tr>
<tr><td rowspan="2">最小费用法</td><td>费用现值法（PC）</td><td>各投资方案各年的费用按行业基准收益率或设定的收益率折现到项目建设期初的现值之和，现值最小对应的方案最优</td></tr>
<tr><td>费用年值法（AC）</td><td>将多个投资方案的所有费用通过基准收益率或设定的收益率折现到每年年末的等额资金，年值最小对应的方案最优</td></tr>
<tr><td rowspan="3">评价方案寿命期不同</td><td colspan="2">年值法</td><td>将寿命期不同的投资方案无限期重复按净年值或费用年值进行选择（应重点掌握）</td></tr>
<tr><td colspan="2">最小公倍数法</td><td>取各投资方案的最小公倍数作为各投资方案的共同寿命期，然后采用寿命期相同的比选方法进行选择</td></tr>
<tr><td colspan="2">研究期法</td><td>取各投资方案的最短的寿命期，作为共同寿命期，用寿命期相同的投资方案的选优方法进行选择</td></tr>
<tr><td>备注</td><td colspan="3">采用内部收益率比较时：$IRR_A > IRR_B$ 时，若 A、B 均可行，选择 A；
采用投资回收期比较时：P_t（A）<P_t（B）时，若 A、B 均可行，选择 A。
效益基本相同，方案比较可采用最小费用法，费用基本相同，方案比较可采用最大效益效率原则。
以寿命周期成本最小化为评价目标时，首先应确定构成寿命周期成本的一级要素：设置费（或建设成本 IC）与维持费（或使用成本 SC），其和为寿命周期费用（LCC）；其次确定系统效率的构成（SE），系统效率由项目效益、效率、效果等多重内容合成。计算费用效率 CE（SE ÷ LCC）时，CE 看作单位费用（成本）输出值，计算不同方案的费用效率值后进行方案比较：一般情况下，CE 值越大越好；寿命周期费用固定时，系统效率大的方案为佳；系统效率为固定值时，寿命周期费用小的方案为佳。
费用效率分析计算中系统效率（SE）的计算过程一般将年发生数据作为基础数据，建设成本（设置费 IC）一般给出项目全过程费用，维持费（使用成本 SC）一般给出年发生数据和大修等阶段间费用。因此解题时，两个关键环节是将各种形式的系统效率构成数据转化为货币值，将 IC 计算现值再转换为年金值，充分体现资金的时间价值。考试时可将费用效率分析计算要求和不同实施方案单独进行资金时间价值分析比较综合考核</td></tr>
</table>

知识点三：决策树法的基本概念及其在投资方案决策中的应用

1. 决策树的绘图规则。

按照背景材料给出的事件发生先后顺序和逻辑关系绘图。按照运行过程的决策判断和状态分析选择两种不同的节点表示方法，其中“□”符号表示决策点，“○”符号表示状态点。由决策点引出的枝称为方案枝（至少为两条），由状态点引出的枝称为状态枝（至少为一条）。同一状态点引入各枝的状态概率之和为 1（$P_{11}+P_{12}+P_{13}=1$）。状态枝枝尾数据为损益值或现金流量（X_{ig}），“//”为剪枝符号，即在计算的最后阶段将被淘汰方案上标入剪枝符号。图 2.3 中表示第二次决策淘汰 C 方案，第一次决策淘汰 B 方案（绘图过程为先左后右，顺序完成）。

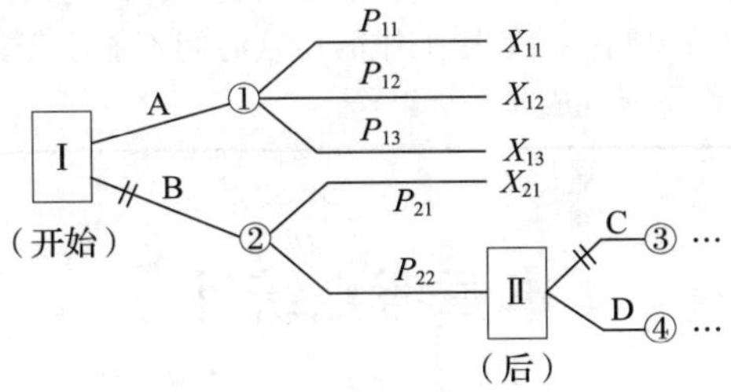

图 2.3　决策树图例

2. 决策树的计算要求。

采用决策树方法进行方案评价属于期望型决策，即要考虑事件运行过程中各种方案在各种状态下的期望值或现金流量的期望值。因此对于状态点要计算各点的期望值 $E(i)$。例如，图 2.2 中计 $E(1)=X_{11}\cdot P_{11}+X_{12}\cdot P_{12}+X_{13}\cdot P_{13}$；对于方案点只选择各方案枝后各状态节点 $E(i)$ 值的最大值 {max［$E(1)$，$E(2)$］} 所对应的方案为入选方案或最佳方案，其他方案要被淘汰。决策树分析过程应注意背景材料中不考虑资金时间价值的损益值与资金时间价值的（净）现金流量在计算过程中的区别。全部计算过程由右向左顺序完成；区别计算要求，计算结论唯一。注意状态点加权计算，方案点只选择不计算的要求。

知识点四：费用优化

表 2.14　费用优化

目标	网络计划所涉及的总费用由直接费和间接费两部分组成。直接费由人工费、材料费和机械费组成，它随工期的缩短而增加；间接费属于管理费范畴，它随工期的缩短而减小。两者进行叠加，必有一个总费用最少的工期，这就是费用优化所要寻求的目标
基本思路	不断地在网络计划中找出直接费用率（或组合直接费用率）最小的关键工作，缩短其持续时间，同时考虑间接费随工期缩短而减小的数值，最后求得工程费用最低时相应的最优工期或工期指定时相应的最低工程费用

续表 2.14

步骤	1. 按工作的正常持续时间确定计算工期和关键线路； 2. 算出各项工作的直接费用率； 3. 在网络计划中找出直接费率（或组合直接费率）最低的一项关键工作（或一组关键工作）作为压缩的对象； 4. 压缩被选择的关键工作（或一组关键工作）的持续时间，其压缩值必须保证所在的关键线路仍然为关键线路，同时压缩后的工作持续时间不能小于最短工作持续时间； 5. 计算关键工作持续时间缩短后的总费用值； 6. 重复以上步骤 3～5，直至计算工期满足要求工期或被压缩对象的直接费用率（或组合直接费率）大于工程间接费用率为止。 这里应注意在第 4 步中，当需要缩短关键工作的持续时间时，其缩短值的确定必须符合下列两条原则：缩短后工作的持续时间不能小于其最短工作持续时间，缩短持续时间的工作不能变成非关键工作

本章考点统计

本章考点统计表

考点	年份				
	2023	2022	2021	2020	2019
价值工程分析		功能指数，目标成本，成本降低额，期望成本利润率	0–1 评分法，综合评分法，价值工程指数	价值工程指数	
资金时间价值分析		净年值法	费用现值法	总费用法	
决策树					企业投标决策树
费用优化	关键线路，工期计算，直接费率，工期压缩，费用优化				

本章考点点评

通过对近 5 年的考题统计，涉及的考点主要是评价指标权重的确定方法，综合评分法，价值工程分析法中价值工程原理、价值工程法、功能项目得分、目标成本及降低额，功能改进，费用法涉及的总费用法、费用现值法、费用年值法和最小年费用法，决策树等。

需要重点掌握的有评价指标权重确定方法，综合评分法，价值工程分析的基本原理，价值工程法，功能项目得分计算，功能改进，以及费用法中的总费用法、费用现值法、费用年值法和最小年费用法的计算方法，决策树的绘制和计算。以上为近年来的高频考点，重在理解各种方法的应用和方案的比选。难度相对较小，也是比较容易拿分的章节。

第三章 工程计量与计价

真题解析（土建工程）

一、2023 年考题

某城市双向 5.60km 长距离地下隧道工程采用盾构机掘进施工。其中以地下连续墙为主体结构的工作施工图和相关参数如图 3.1 所示。工程造价咨询公司编制的该地下连续墙工程施工图招标控制价相关分部分项工程项目清单编码及综合单价见表 3.1。

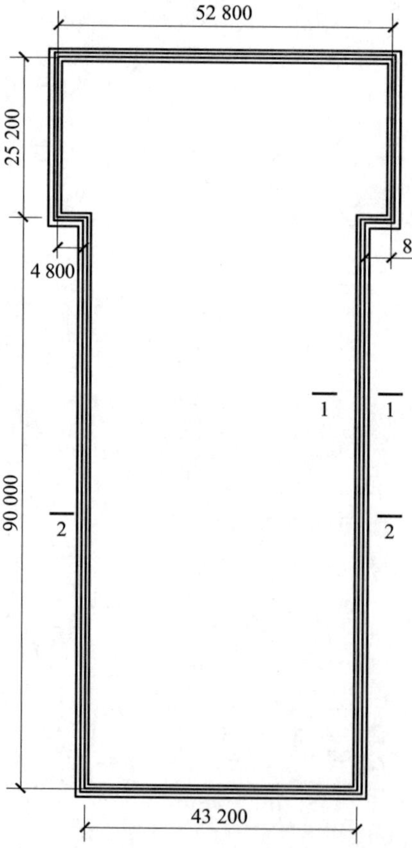

（a）基坑支护方案平面布置图

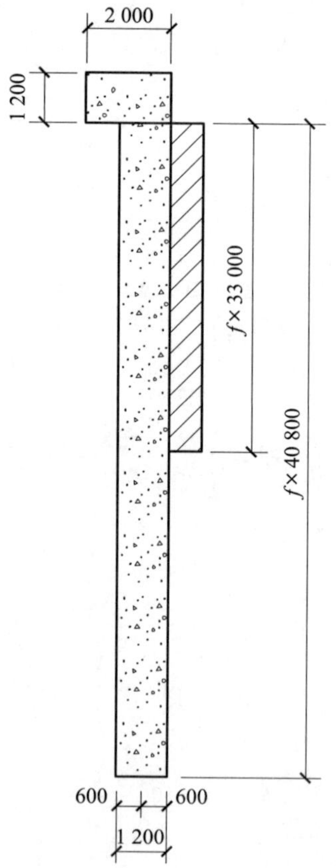

（b）1-1剖面图

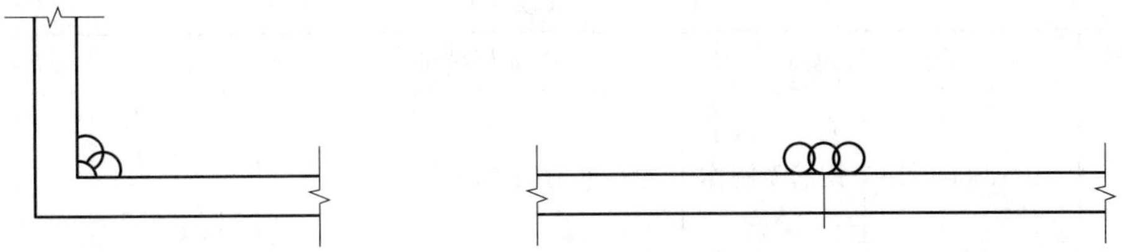

（c）止水喷水桩56幅

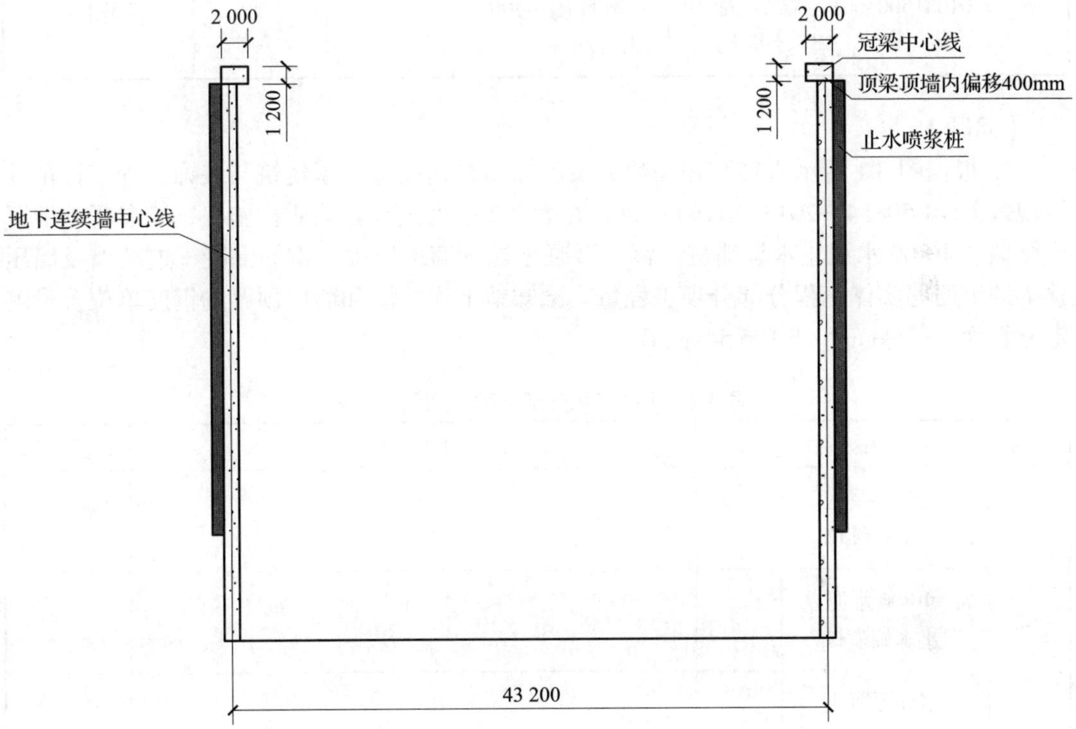

（d）2-2剖面图

图 3.1 以地下连续墙为主体结构的工作施工图和相关参数

表 3.1 地下连续墙分部分项工程项目清单编码及综合单价表

序号	项目编码	项目名称	项目特征	计量单位	综合单价 / 元
1	010202001001	钢筋混凝土地下连续墙	预制导墙，C35 预拌抗渗混凝土，墙厚 1 200mm，每幅宽 6 000mm，成槽深 40.80m	m^3	1 582.00
2	010201012001	Φ800 水泥止水旋喷桩	直径 Φ800，42.5 号水泥浆，每个接缝处 3 根，桩中心间距 600mm，桩深 33.00mm	m	655.00
3	010501003001	钢筋混凝土连续墙顶压梁	C40 预拌补偿收缩混凝土，沿连续墙顶通长设置，梁截面 2 000mm × 1 200mm	m^3	711.00

续表 3.1

序号	项目编码	项目名称	项目特征	计量单位	综合单价/元
4	010515004001	地下连续墙钢筋笼制作安装	钢筋 HRB400	t	8 247.00
5	010515001001	连续墙压顶梁钢筋制作绑扎	钢筋 HRB400	t	7 594.00

【问题】

1. 根据图 3.1 所示内容和相关数据及已知信息，按《房屋建筑与装饰工程工程量计算规范》GB 50854—2013 的计算规则，在表 3.2 中列式计算该盾构施工钢筋混凝土地下连续墙、Φ800 水泥止水旋喷桩、钢筋混凝土连续墙顶压梁、钢筋混凝土连续墙及墙压顶梁的钢筋等实体工程分部分项工程量。已知地下连续墙和墙压顶梁的钢筋单位含量测定分别为 79.76kg/m³ 和 106.54kg/m³。

表 3.2 实体工程分部分项工程量计算表

序号	项目名称	单位	计算过程	计算结果
1	钢筋混凝土地下连续墙			
2	Φ800 水泥止水旋喷桩			
3	钢筋混凝土连续墙压顶梁			
4	地下连续墙钢筋笼制作安装			
5	连续墙压顶梁钢筋制作绑扎			

2. 根据问题 1 的计算结果和表 3.1 已知数据，按《房屋建筑与装饰工程工程量计算规范》GB 50854—2013 及《建设工程工程量清单计价规范》GB 50500—2013 的计算规则，列式计算安全文明施工费、措施项目费及人工费，并在表 3.3 中编制该盾构施工地下连续墙土建实体分部分项工程和单价措施项目清单招标控制价，已知相关墙压顶梁模板及支撑、满堂脚手架，大型机械进出场、垂直运输等单价措施项目费为 1 470 000.00 元。

3. 安全文明施工费按分部分项工程费（其中材料暂估价 9 951.00 元）的 3.6%，人工费为分部分项工程费及措施项目费的 8%，招标文件中列明基坑监测设施暂列金额为

表 3.3　地下连续墙土建实体分部分项工程和单价措施项目清单招标控制价表

序号	项目编码	项目名称	项目特征	计量单位	工程量	金额 / 元	
						综合单价	合价
一	分部分项工程						
1	010202001001	钢筋混凝土地下连续墙	C35 预拌抗渗混凝土				
2	010201012001	Φ800 水泥止水旋喷桩	42.5 号水泥浆				
3	010518008001	钢筋混凝土连续墙压顶梁	C40 补偿收缩混凝土				
4	010549006001	地下连续墙钢筋笼制作安装	HRB400 HPB335				
5	010526004001	连续墙压顶梁钢筋制作绑扎	HRB400 HPB335				
分部分项工程小计				元			
二	单价措施项目						
1	019408060001	模板、脚手架等四项单价措施	—	项	—	—	
单价措施项目小计				元			
分部分项工程和单价措施项目合计				元			

250 000.00 元，基坑土方挖运专业工程暂估价为 8 120 000.00 元，基坑降水工程暂估价为 1 300 000.00 元，总承包服务费按专业工程暂估价计取 4%，规费按人工费计取 21%，增值税销项税税率为 9%，根据问题 1、2 的计算结果计算地下连续墙护坡工程招标控制价并在表 3.4 中编制该盾构施工地下连续墙土建实体招标控制价汇总表。

表 3.4　招标控制价汇总表

序号	汇总内容	金额	其中：材料暂估价 / 元
1	分部分项工程		
2	措施项目		
2.1	其中：安全文明施工费		
3	其他项目		

续表 3.4

序号	汇总内容	金额	其中：材料暂估价 / 元
3.1	基坑监测设施暂列金额		
3.2	基坑土方挖运专业工程暂估价		
3.3	基坑降水专业工程暂估价		
3.4	总包服务费		
4	规费		
5	税金		
单位工程招标控制价合价			

4. 根据问题 1 的计算结果和表 3.5 已知数据，计算盾构施工工程施工图招标控制价。

表 3.5 盾构施工工作井单项工程施工图招标控制价汇总表

序号	单项工程名称	金额 / 元	其中 / 元		
			暂估价	安全文明施工费	规费
1	工作井护坡土方降水单位工程				
2	钢筋混凝土支撑系统单位工程	5 280 000.00	—	16 000.00	69 000.00
3	钢结构支撑系统单位工程	4 500 000.00	—	135 000.00	56 000.00
单项工程招标控制价合计					

【答案】

问题 1：

表 3.6 实体工程分部分项工程量计算表

序号	项目名称	单位	计算过程	计算结果
1	钢筋混凝土地下连续墙	m^3	40.8 × 1.2 × 6 × 56	16 450.56
2	Φ800 水泥止水旋喷桩	m	33 × 3 × 56	5 544.00
3	钢筋混凝土连续墙压顶梁	m^3	1.2 × 2 ×（52.8−0.8+115.2−0.8）× 2	798.72

续表 3.6

序号	项目名称	单位	计算过程	计算结果
4	地下连续墙钢筋笼制作安装	t	79.76 × 16 450.56/1 000	1 312.10
5	连续墙压顶梁钢筋制作绑扎	t	106.54 × 798.72/1 000	85.10

问题 2：

表 3.7　地下连续墙土建实体分部分项工程和单价措施项目清单招标控制价表

序号	项目编码	项目名称	项目特征	计量单位	工程量	金额 / 元	
						综合单价	合价
一	分部分项工程						
1	010202001001	钢筋混凝土地下连续墙	C35 预拌抗渗混凝土	m^3	16 450.56	1 582.00	26 024 785.92
2	010201012001	Φ800 水泥止水旋喷桩	42.5 号水泥浆	m	5 544.00	655．00	3 631 320.00
3	010518008001	钢筋混凝土连续墙压顶梁	C40 补偿收缩混凝土	m^3	798.72	711.00	567 889.92
4	010549006001	地下连续墙钢筋笼制作安装	HRB400 HPB335	t	1 312.10	8 247.00	10 820 888.70
5	010526004001	连续墙压顶梁钢筋制作绑扎	HRB400 HPB335	t	85.10	7 594.00	646 249.40
分部分项工程小计				元	41 691 133.94		
二	单价措施项目						
1	019408060001	模板、脚手架等四项单价措施	—	项	—	—	1 470 000.00
单价措施项目小计				元			1 470 000.00
分部分项工程和单价措施项目合计				元			43 161 133.94

问题 3：

（1）安全文明施工费：41 691 133.94 × 3.6%=1 500 880.82（元）

（2）措施项目费：1 470 000.00+1 500 880.82=2 970 880.82（元）

（3）人工费：（41 691 133.94+2 970 880.82）× 8%=3 572 961.18（元）

表 3.8　招标控制价汇总表

序号	汇总内容	金额	其中：材料暂估价 / 元
1	分部分项工程	41 691 133.94	9 951.00
2	措施项目	2 970 880.82	
2.1	其中：安全文明施工费	1 500 880.82	
3	其他项目	10 046 800.00	
3.1	基坑监测设施暂列金额	250 000.00	
3.2	基坑土方挖运专业工程暂估价	8 120 000.00	
3.3	基坑降水专业工程暂估价	1 300 000.00	
3.4	总包服务费	376 800.00	
4	规费	750 321.85	
5	税金	4 991 322.30	
单位工程招标控制价合价		60 450 458.91	9 951.00

问题 4：

表 3.9　盾构施工工作井单项工程施工图招标控制价汇总表

序号	单项工程名称	金额 / 元	其中 / 元		
			暂估价	安全文明施工费	规费
1	工作井护坡土方降水单位工程	60 450 458.91	9 420 000.00	1 500 880.82	750 321.85
2	钢筋混凝土支撑系统单位工程	5 280 000.00	—	16 000.00	69 000.00
3	钢结构支撑系统单位工程	4 500 000.00	—	135 000.00	56 000.00
单项工程招标控制价合计		70 230 458.91	9 420 000.00	1 801 880.82	875 321.85

二、2022 年考题

某旅游客运索道工程的上站设备基础施工图和相关参数如图 3.2 所示。根据招标方以招标图确定的工程量清单，承包方中标的“上站设备基础土建分部分项工程和单价措施项目清单与计价表”如表 3.10 所示，现场搅拌混凝土配合比如表 3.11 所示，该工程施工合同双方约定，施工图设计完成后，对该工程实体工程工程量按施工图重新计量调整，工程主要材料二次搬运费按现场实际情况及合理运输方案计算，土石方工程费用和单价措施费不做调整。

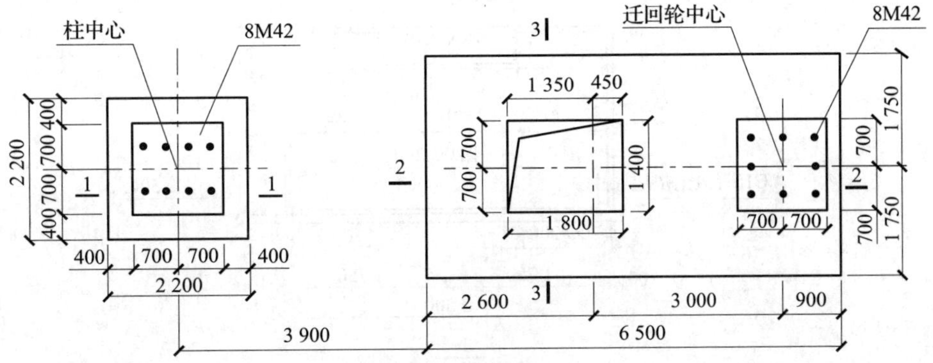

基础平面布置图

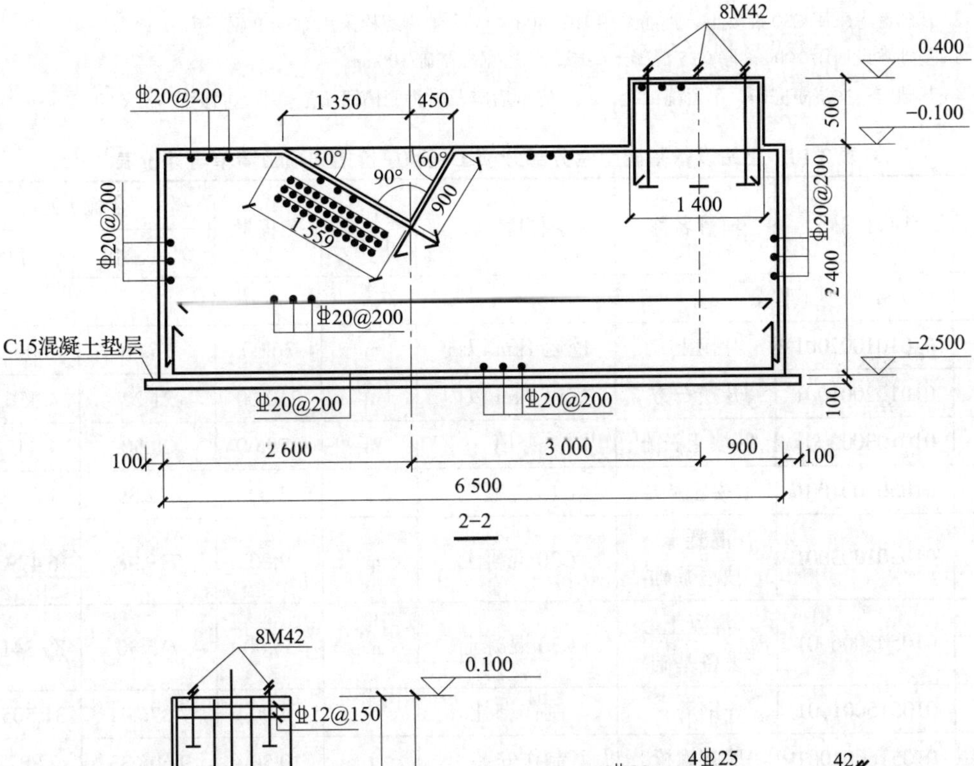

2–2

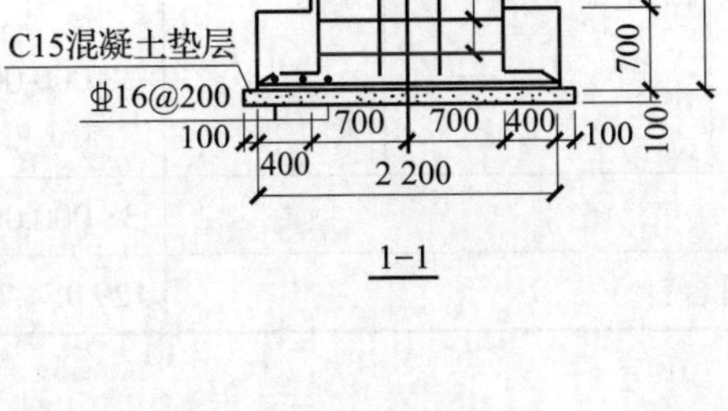

1–1

A–A

M42地脚螺栓详图
（共16个，每个20kg）

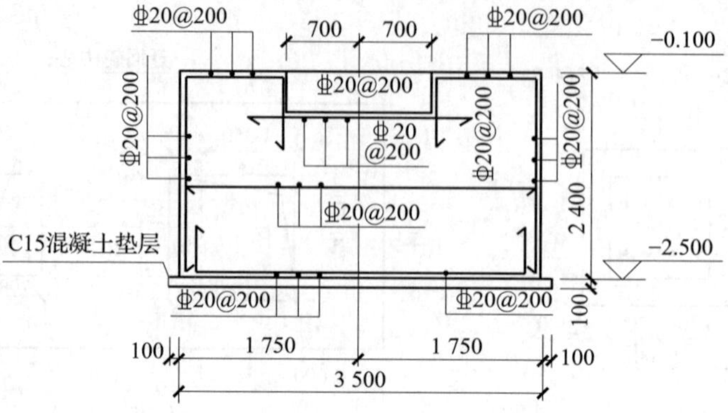

图 3.2 上站设备基础施工图和相关参数

说明：

1. 基础底部宜坐落在强化花岗岩上。
2. 基础考虑采用 C30 混凝土。钢筋采用 HRB400（ф）。地脚螺栓采用 Q345B 钢。
3. 基础下设通用 100mm 厚 C15 混凝土垫层，各边宽出基础 100mm。
4. 基础应一次浇筑完毕，不留施工缝，施工完毕后应及时将肥槽回填至整平地面标高。

表 3.10 上站设备基础土建分部分项工程和单价措施项目清单与计价表

序号	项目编码	项目名称	项目特征	计量单位	工程量	金额 / 元	
						综合单价	合价
一	分部分项工程						
1	010101002001	开挖土方	挖运 1km 以内	m^3	36.00	16.86	606.96
2	010102001001	开挖石方	挖运 1km 以内	m^3	210.00	21.22	4 456.20
3	010103002001	回填土石方	夯填	m^3	170.00	28.50	4 845.00
4	010501001001	混凝土垫层	C15 混凝土	m^3	3.00	612.39	1 837.17
5	010501003001	混凝土独立基础	C30 混凝土	m^3	9.00	719.98	6 479.82
6	010501006001	混凝土设备基础	C30 混凝土	m^3	55.00	715.30	39 341.50
7	010515001001	钢筋	制作绑扎	t	4.00	7 876.41	31 505.64
8	010516001001	地脚螺栓	制作安装	t	0.30	9 608.33	2 882.50
分部分项工程小计							91 954.79
二	单价措施项目						
1	—	模板、脚手架等四项单价措施	—	项	—	—	38 000.00
单价措施项目小计							38 000.00
分部分项工程和单价措施项目合计							129 954.79

表 3.11 现场搅拌混凝土配合比表

序号	混凝土标号	主要材料用量 /kg				备注（损耗率 / %）
		32.5 级水泥	42.5 级水泥	中粗砂	碎石	
1	C15	290.00	—	730.00	1 230.00	1.5
2	C30	—	350.00	670.00	1 200.00	1.5

【问题】

1. 根据该索道工程的上站设备基础施工图施工图纸、技术参数及参考资料，按《房屋建筑与装饰工程工程量计算规范》GB 50854—2013 的计算规则，列式计算相关分部分项工程量（独立基础钢筋含量为 56.4kg/m³，设备基础钢筋含量为 63.66kg/m³）。

2. 根据问题 1 的计算结果及表 3.1 给定的信息，按照《建设工程工程量清单计价规范》GB 50500—2013 的要求，在答题卡表 3.4 中编制该上站设备基础土建分部分项工程和单价措施项目清单与计价表。

3. 由于本项目的地理位置特殊，需在山上进行施工，但由于架桥阻碍导致道路不畅无法将材料运送上山，只能由当地村民人工搬运上山。根据问题 1、2 的计算结果和现场搅拌混凝土配合比表，在答题卡表 3.5 中填写主要材料二次搬运费计算表（材料二次搬运费单价如下：水泥 210.00 元 /t，中粗砂 160.00 元 /t，碎石 160.00 元 /t，钢材 800.00 元 /t。材料损耗率分别是混凝土 1.5%，钢筋 3%）。

4. 根据问题 1、2、3 的计算结果，在答题卡表 3.6 中填写索道上站设备基础土建单位工程施工图调整价汇总表（安全文明施工费以分项工程的 6% 计算，二次搬运费计入措施费中，人工费以分项工程和措施项目合计的 23% 计取，不计入其他项目费，规费为人工费的 19%，税率为 9%）。

（注：计算结果以“万元”为单位，保留两位小数）

【答案】

问题 1：

相关分部分项工程量的计算如表 3.12 所示。

表 3.12 工程量计算表

序号	项目名称	单位	计算过程	计算结果
1	C15 混凝土垫层	m³	2.4 × 2.4 × 0.1+6.7 × 3.7 × 0.1	3.06
2	C30 钢筋混凝土站前柱独立基础	m³	2.2 × 2.2 × 0.7+1.4 × 1.4 × 2.9	9.07
3	C30 钢筋混凝土迂回轮设备基础	m³	6.5 × 3.5 × 2.4+1.4 × 1.4 × 0.5−1.559 × 0.9 × 0.5 × 1.4	54.60
4	钢筋	t	（9.07 × 56.4+63.66 × 54.60）/1 000	3.99
5	地脚螺栓	t	16 × 20/1 000	0.32

问题 2：

表 3.13　分部分项工程和单价措施项目清单与计价表

序号	项目编码	项目名称	项目特征	计量单位	工程量	金额 / 元	
						综合单价	合价
一	分部分项工程						
1	010101002001	开挖土方	挖运 1km 以内	m^3	36.00	16.86	606.96
2	010102001001	开挖石方	挖运 1km 以内	m^3	210.00	21.22	4 456.20
3	010103002001	回填土石方	夯填	m^3	170.00	28.50	4 845.00
4	010501001001	混凝土垫层	C15 混凝土	m^3	3.06	612.39	1 873.91
5	010501003001	混凝土独立基础	C30 混凝土	m^3	9.07	719.98	6 530.22
6	010501006001	混凝土设备基础	C30 混凝土	m^3	54.60	715.30	39 055.38
7	010515001001	钢筋	制作绑扎	t	3.99	7 876.41	31 426.88
8	010516001001	地脚螺栓	制作安装	t	0.32	9 608.33	3 074.67
分部分项工程小计							91 869.22
二	单价措施项目						
1	—	模板、脚手架等四项单价措施	—	项	—	—	38 000.00
单价措施项目小计							38 000.00
分部分项工程和单价措施项目合计							129 869.22

问题 3：

表 3.14　主要材料二次搬运费计算表

序号	材料名称	单位	材料用量计算过程	计算结果	二次搬运费单价 /（元 /t）	二次搬运费合价 / 元
1	水泥	t	0.29 × 3.06 × 1.015+（9.07+54.6）× 0.35 × 1.015	23.52	210.00	4 939.20
2	中粗砂	t	0.73 × 3.06 × 1.015+0.67 ×（9.07+54.6）× 1.015	45.57	160.00	7 291.20
3	碎石	t	1.23 × 3.06 × 1.015+1.2 ×（9.07+54.6）× 1.015	81.37	160.00	13 019.20
4	钢材	t	（3.99+0.32）× 1.03	4.44	800.00	3 552.00
合计						28 801.60

问题 4：

安全文明施工费 =91 869.22 × 6%=5 512.15（元）

措施项目费 =38 000+28 801.60+5 512.15=72 313.75（元）

人工费 =（91 869.22+72 313.75）× 23%=37 762.08（元）

表 3.15　索道上站设备基础土建单位工程施工图调整价汇总表

序号	汇总内容	金额 / 元	其中：暂估价 / 元
1	分部分项工程费	91 869.22	
2	措施项目费	72 313.75	
2.1	其中：安全文明施工费	5 512.15	
3	其他项目费		
4	规费	7 174.80	
5	税金	15 422.20	
施工图调整造价合计		186 779.97	

三、2021 年考题

某企业已建成 1 500m³ 生活用高位水池，开始办理工程竣工结算事宜。承建该工程的施工企业根据施工招标工程量清单中标的“高位水池土建分部分项工程和单价措施项目清单与计价表”（如表 3.16 所示），该工程的竣工图及相关参数编制工程结算。

表 3.16　高位水池土建分部分项工程和单价措施项目清单与计价表

序号	项目编码	项目名称	项目特征描述	计量单位	工程量	金额 / 元	
						综合单价	合价
一	分部分项工程						
1	010101002001	开挖土方	挖运 1km 以内	m³	1 172.00	14.94	17 509.68
2	010102002001	开挖石方	风化岩挖运 1km 以内	m³	4 688.00	17.72	83 071.36
3	010103002001	回填土石方	1 050.00	m³	1 050.00	30.26	31 773.00
4	010501001001	混凝土垫层	C15 混凝土	m³	36.00	588.84	21 198.24
5	070101001001	混凝土池底板	C30 抗渗混凝土	m³	210.00	761.76	159 969.60
6	070101002001	混凝土池壁板	C30 混凝土	m³	180.00	798.77	143 778.60
7	070101003001	混凝土池顶板	C30 混凝土	m³	40.00	719.69	28 787.60
8	070101004001	混凝土池内柱	C30 混凝土	m³	5.00	718.07	3 590.35

续表 3.16

序号	项目编码	项目名称	项目特征描述	计量单位	工程量	金额/元	
						综合单价	合价
9	010515001001	钢筋	制作、绑扎	t	36.00	8 688.86	312 798.96
10	010606008001	钢爬梯	制作、安装	t	0.20	9 402.10	1 880.42
分部分项工程小计							804 357.81
二	单价措施项目						
1	—	模板、脚手架、垂直运输、大型机械	—				131 800.00
单价措施项目小计							131 800.00
分部分项工程和单价措施项目合计							936 157.81

【问题】

1. 根据竣工图图 3.3 所示内容及相关数据，按《构筑物工程工程量计算规范》GB 50860—2013 的计算规则，请列式计算该高位水池的混凝土垫层、钢筋混凝土池底板、钢筋混凝土池壁板、钢筋混凝土池顶板、钢筋混凝土池内柱、钢筋、钢爬梯等实体工程分部分项结算工程量（池壁计算高度为池底板上表面至池顶板下表面；池顶板为肋形板、主、次梁计入池顶板体积内；池内柱的计算高度为池底板上表面池顶板下表面。钢筋工程量计算按：池底板 66.50kg/m^3，池壁板 89.65kg/m^3，池顶板及主、次梁 123.80kg/m^3，池内柱 148.20kg/m^3，钢爬梯 ϕ20 钢筋按 2.47kg/m 计算）。

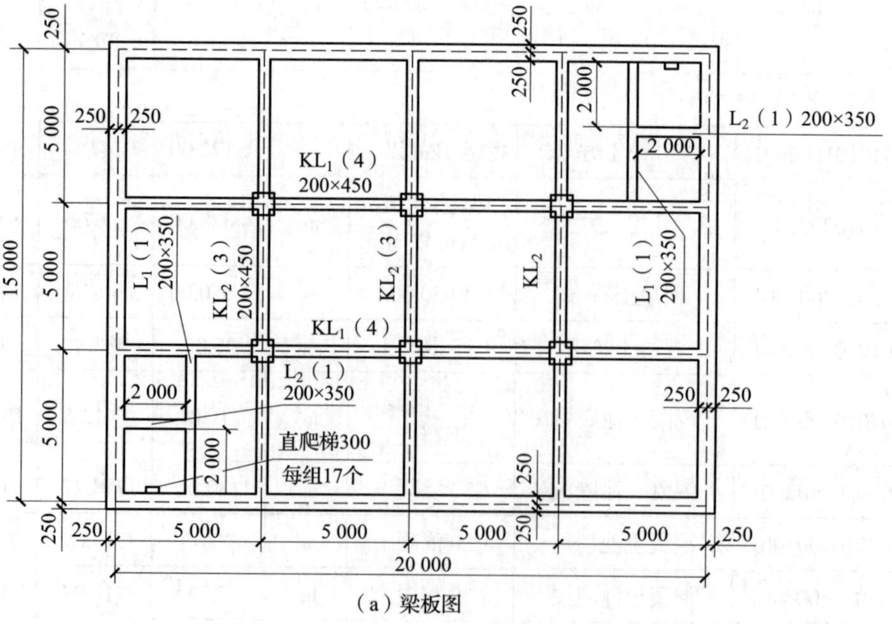

（a）梁板图

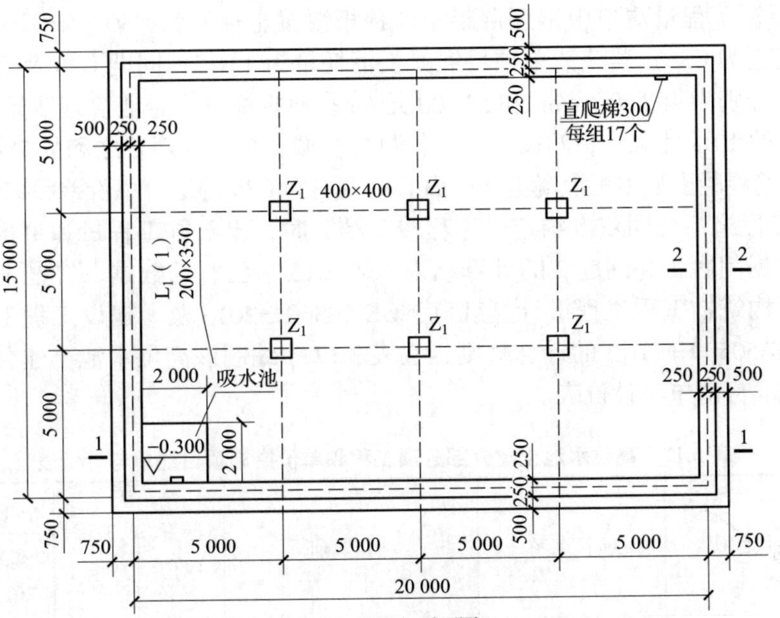

（b）平面图

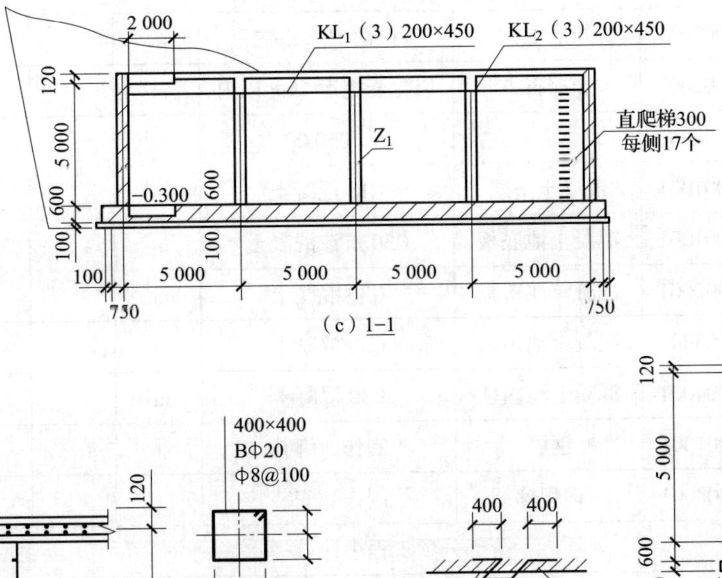

（c）1-1

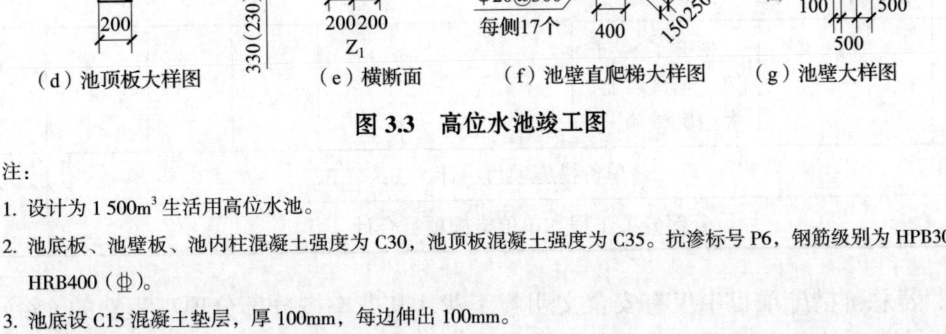

（d）池顶板大样图　（e）横断面　（f）池壁直爬梯大样图　（g）池壁大样图

图 3.3　高位水池竣工图

注：

1. 设计为 1 500m^3 生活用高位水池。
2. 池底板、池壁板、池内柱混凝土强度为 C30，池顶板混凝土强度为 C35。抗渗标号 P6，钢筋级别为 HPB300（Φ），HRB400（Φ）。
3. 池底设 C15 混凝土垫层，厚 100mm，每边伸出 100mm。
4. 池壁钢爬梯材料采用 ϕ20 钢筋，单重 2.47kg/m。

2. 原招标工程量清单中钢筋混凝土池顶板混凝土标号为C30，施工过程中经各方确认设计变更为C35。若该清单项目混凝土消耗量为1.015；同期C30及C35商品混凝土到工地价分别为488.00元/m^3和530.00元/m^3；原投标价中企业管理费按人工、材料、机械费之和的10%计取，利润按人工、材料、机械、企业管理费之和的7%计取。请列式计算该钢筋混凝土池顶板混凝土标号由C30变更为C35的综合单价差和综合单价。

3. 该工程施工合同双方约定，工程竣工结算时，土石方工程量和单价措施费不做调整。请根据问题1和问题2的计算结果、表3.16中已有的数据、答题卡表中相关的信息，按《构筑物工程工程量计算规范》GB 50860—2013及《建设工程工程量清单计价规范》GB 50500—2013的计算规则，在表3.17中编制该高位水池土建分部分项工程和单价措施项目清单与计价表。

表3.17　高位水池土建分部分项工程和单价措施项目清单与计价表

序号	项目编码	项目名称	项目特征	计量单位	工程量	金额/元	
						综合单价	合价
一	分部分项工程						
1	010101002001	开挖土方	挖运1km以内	m^3			
2	010102002001	开挖石方	风化岩挖运1km以内	m^3			
3	010103002001	回填土石方	1 050.00	m^3			
4	010501001001	混凝土垫层	C15混凝土	m^3			
5	070101001001	混凝土池底板	C30抗渗混凝土	m^3			
6	070101002001	混凝土池壁板	C30混凝土	m^3			
7	070101003001	混凝土池顶板	C30混凝土	m^3			
8	070101004001	混凝土池内柱	C30混凝土	m^3			
9	010515001001	钢筋	制作、绑扎	t			
10	010606008001	钢爬梯	制作、安装	t			
分部分项工程小计							
二	单价措施项目						
1	—	模板、脚手架、垂直运输、大型机械	—				
单价措施项目小计							
分部分项工程和单价措施项目合计							

4. 若总价措施项目中仅有安全文明施工费，其费率按分部分项工程费的6%计取；其他项目费用的防水工程专业分包结算价为85 000.00元，总包服务费按5%计取；人

工费占分部分项工程费及措施项目费的 25%，规费按人工费的 21% 计取，税金按 9% 计取。请根据问题 3 的计算结果，按《建设工程工程量清单计价规范》GB 50500—2013 的计算规则，列式计算安全文明施工费、措施项目费、人工费，在表 3.19 中编制该高位水池土建单位工程竣工结算汇总表。

（注：无特殊说明的，费用计算时均为不含税价格；计算结果均保留两位小数）

【答案】

问题 1：

（1）高位水池的混凝土垫层：

（5×4+0.75×2+0.1×2）×（5×3+0.75×2+0.1×2）×0.1=36.24（m^3）

（2）钢筋混凝土池底板：

（5×4+0.75×2）×（5×3+0.75×2）×0.6−2×2×0.3=211.65（m^3）

（3）钢筋混凝土池壁板：

（15+20）×2×5×0.5=175.00（m^3）

（4）钢筋混凝土池顶板：

①（20+0.25×2）×（15+0.25×2）×0.12−（2×2×0.12）×2=37.17（m^3）

② KL_1：[（20−0.25×2−0.4×3）×0.2×（0.45−0.12）]×2=2.42（m^3）

③ KL_2：[（15−0.25×2−0.4×2）×0.2×（0.45−0.12）]×3=2.71（m^3）

主梁工程量合计为：2.42+2.71=5.13（m^3）

④ L_1：[（5−0.25−0.1）×0.2×（0.35−0.12）]×2=0.43（m^3）

⑤ L_2：2×0.2×（0.35−0.12）×2=0.18（m^3）

次梁工程量合计为：0.43+0.18=0.61（m^3）

⑥ 钢筋混凝土池顶板工程量为：37.17+5.13+0.61=42.91（m^3）

（5）钢筋混凝土池内柱：

0.4×0.4×5×6=4.80（m^3）

（6）钢筋：

①底板钢筋：211.65×66.50/1 000=14.07（t）

②柱内钢筋：4.8×148.20/1 000=0.71（t）

③壁板钢筋：175×89.65/1 000=15.69（t）

④顶板及主次梁钢筋：42.91×123.80/1 000=5.31（t）

钢筋合计：14.07+0.71+15.69+5.31=35.78（t）

（7）钢爬梯：

0.4×5×17×2×2.47/1 000=0.17（t）

问题 2：

综合单价差额 =（530−488）×1.015×（1+10%）×（1+7%）=50.18（元 /m^3）

综合单价 =719.69+50.18=769.87（元 /m^3）

问题 3：

该高位水池土建分部分项工程和单价措施项目清单与计价表编制结果如表 3.18 所示。

表 3.18　高位水池土建分部分项工程和单价措施项目清单与计价表（结果）

序号	项目编码	项目名称	项目特征描述	计量单位	工程量	金额 / 元	
						综合单价	合价
一	分部分项工程						
1	010101002001	开挖土方	挖运 1km 以内	m^3	1 172.00	14.94	17 509.68
2	010102002001	开挖石方	风化岩挖运 1km 以内	m^3	4 688.00	17.72	83 071.36
3	010103002001	回填土石方	1 050.00	m^3	1 050.00	30.26	31 773.00
4	010501001001	混凝土垫层	C15 混凝土	m^3	36.24	588.84	21 339.56
5	070101001001	混凝土池底板	C30 抗渗混凝土	m^3	211.65	761.76	161 226.50
6	070101002001	混凝土池壁板	C30 混凝土	m^3	175.00	798.77	139 784.75
7	070101003001	混凝土池顶板	C35 混凝土	m^3	42.91	769.87	33 035.12
8	070101004001	混凝土池内柱	C30 混凝土	m^3	4.80	718.07	3 446.74
9	010515001001	钢筋	制作、绑扎	t	35.78	8 688.86	310 887.41
10	010606008001	钢爬梯	制作、安装	t	0.17	9 402.10	1 598.36
分部分项工程小计							803 672.48
二	单价措施项目						
1	—	模板、脚手架、垂直运输、大型机械	—				131 800.00
单价措施项目小计							131 800.00
分部分项工程和单价措施项目合计							935 472.48

问题 4：

安全文明施工费 =803 672.48 × 6%=48 220.35（元）

措施项目费 =48 220.35+131 800.00=180 020.35（元）

总承包服务费 =85 000.00 × 5%=4 250.00（元）

人工费 =（803 672.48+180 020.35）× 25%=245 923.21（元）

规费 =245 923.21 × 21%=51 643.87（元）

税金 =（803 672.48+180 020.35+89 250.00+51 643.87）× 9%=101 212.80（元）

表 3.19　高位水池土建单位工程竣工结算汇总表

序号	汇总内容	金额 / 元
1	分部分项工程费	803 672.48
2	措施项目费	180 020.35
2.1	其中：安全文明施工费	48 220.35
3	其他项目费	89 250.00
3.1	专业工程分包	85 000.00

续表 3.19

序号	汇总内容	金额 / 元
3.2	总承包服务费	4 250.00
4	规费	51 643.87
5	税金	101 212.80
竣工结算总价合计 =（1）+（2）+（3）+（4）+（5）		1 225 799.50

四、2020 年考题

某矿山尾矿库区内 680.00m 长排洪渠道土石方开挖边坡支护设计方案及相关参数如图 3.4 所示，设计单位根据该方案编制的“长锚杆边坡支护方案分部分项工程和单价措施项目清单与计价表”如表 3.20 所示，鉴于相关费用较大，经造价工程师与建设单位、设计单位、监理单位充分讨论研究，为减少边坡土石开挖对植被的破坏，消除常见的排洪渠道纵向及横向滑移的安全隐患，提出了把排洪渠道兼作边坡稳定的预应力长锚索整体腰梁的边坡支护优化方案，相关设计和参数如图 3.5 所示。有关预应力长锚索同期定额基价如表 3.21 所示。

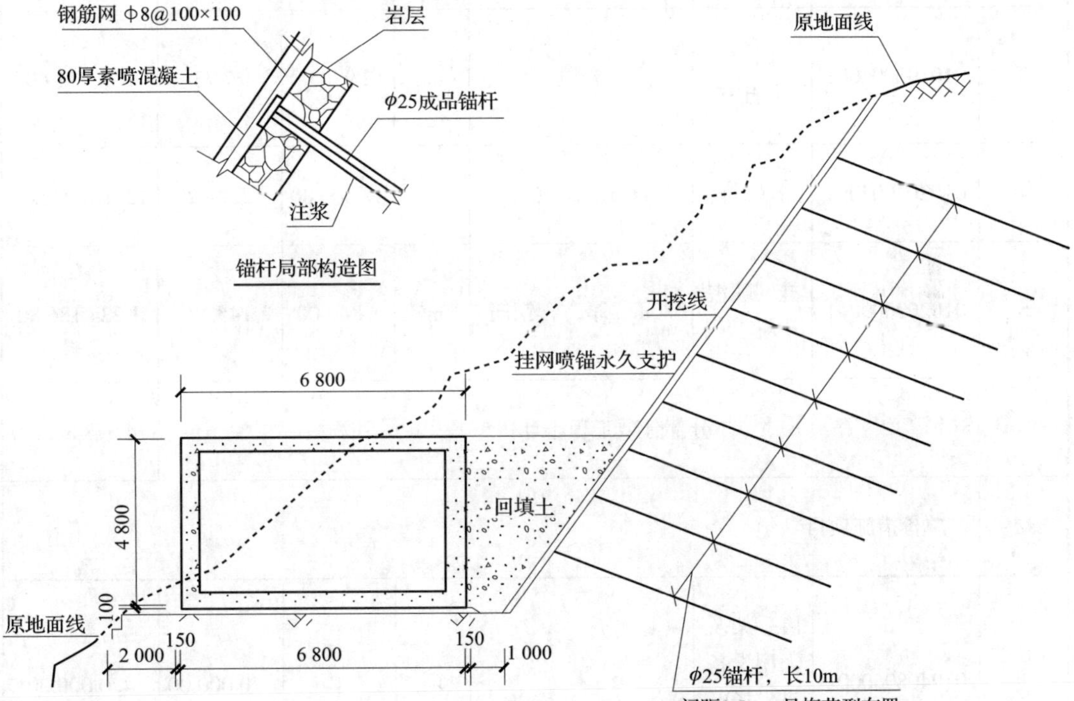

图 3.4　长锚杆边坡支护方案图

说明：

1. 本设计为尾矿库排洪渠道土方开挖边坡支护长锚杆（10m）方案。
2. 本排洪渠道总长 680.00m。
3. 钢锚杆采用 ϕ25 螺纹钢，钢筋型号为 HRB400（ϕ）。
4. 注浆水泥号考虑 42.5 级，水灰比 1：0.5。
5. 本方案每米工程量见表 3.22，其中土方和石方比例 3：7。

表 3.20 长锚杆边坡支护方案分部分项工程和单价措施项目清单与计价表

序号	项目编码	项目名称	项目特征描述	计量单位	工程量	金额 / 元	
						综合单价	合价
一	分部分项工程						
1	010101002001	开挖土方	挖运 1km 以内	m^3	12 240.00	16.45	201 348.00
2	010102002001	开挖石方	风化岩挖运 1km 以内	m^3	28 560.00	24.37	696 007.20
3	010103001001	回填土石方	夯填	m^3	12 920.00	27.73	358 271.60
4	010202007001	长锚杆	*D*25，长 10m	m	47 600.00	252.92	12 038 992.00
5	010202009001	挂网喷混凝土	80mm 厚，含钢筋	m^3	8 840.00	145.27	1 284 186.80
分部分项工程小计							14 578 805.60
二	单价措施项目						
1	019408060001	脚手架及大型设备进出场及安拆费		项	1	470 000.00	470 000.00
单价措施项目小计							470 000.00
分部分项工程和单价措施项目小计							15 048 805.60

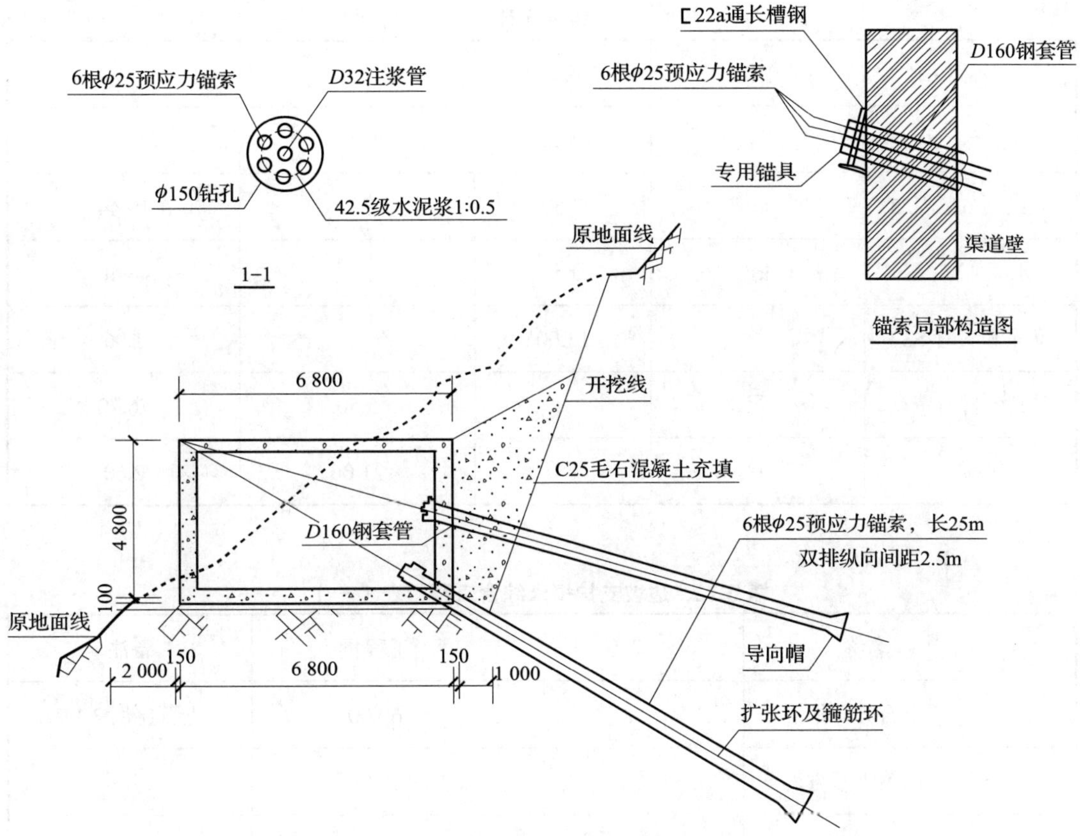

图 3.5　预应力长锚索边坡支护方案图

说明：

1. 本设计为尾矿库排洪渠道土方开挖边坡支护预应力长锚索（25m）方案。
2. 本排洪渠道总长 680.00m。
3. 钢锚索采用 6 根 φ25 高强度低松弛无黏结预应力钢绞线。
4. 注浆用水泥标号 42.5 级，水灰比为 1：0.5。
5. 本方案每米工程量见表 3.23，其中土方和石方比例为 5：5。

表 3.21　预应力长锚索基础定额表

定额编号		2–51	2–99
项目		D150 钻机成孔	长锚索及注浆
		m	m
定额基价		66.50	363.90
其中	人工费 / 元	40.00	95.00
	材料费 / 元	5.50	266.30
	机械费 / 元	21.00	2.60

续表 3.21

名称	单位	单价 / 元		
综合工日	工日	100.00	0.40	0.95
钢绞线 6 × ϕ25	kg	7.60		19.44
水泥 42.5 级	kg	0.58		48.40
灌浆塑料管 S32	m	13.00		1.06
其他材料费	元		5.50	76.70
机械费	元		21.00	2.60

表 3.22 边坡支护每米综合工程量表（一）

序号	名称	单位	工程量	备注
1	土石方开挖	m^3	60.00	土石比例 3∶7
2	回填土石方	m^3	19.00	
3	ϕ25 锚杆	根	7.00	每根长 10m
4	挂网喷混凝土	m^2	13	

表 3.23 边坡支护每米综合工程量表（二）

序号	名称	单位	工程量	备注
1	土石方开挖	m^3	31.00	土方比例 5∶5
2	6 根 ϕ25 长锚索	根	0.80	每根长 25m
3	[22a 通长槽钢腰梁	m	2.00	[22a
4	回填 C25 毛石混凝土	m^3	9.60	

【问题】

1. 根据图 3.4 相关数据，按照《房屋建筑与装饰工程工程量计算规范》GB 50854—2013 的计算规则，在答题卡表 3.24 中列式计算该预应力长锚索边坡支护优化方案分部分项工程量（土石方工程量中土方、石方比例按 5∶5 计算）。

2. 若企业管理费按照人工费、材料费、机械费之和的 10% 计取，利润按人工费、材料费、机械费、企业管理费之和的 7% 计取，根据表 3.12 中的数据，按《建设工程工程量清单计价规范》GB 5050—2013 的计算规则，在答题卡表 3.25 中，编制该预应力长锚索综合单价分析表（预应力长锚索工程量计算方法，基础定额与清单规范相同，均按设计图示尺寸以长度“m”为单位）。

3. 已知[22a 通长槽钢腰梁综合单价为 435.09 元 /m，C25 毛石混凝土充填综合单价为 335.60 元 /m^3，脚手架和大型机械设备进出场及安拆费等单价措施项目费用测算结果为 340 000.00 元，根据问题 1 和问题 2 的计算结果，以及表 3.20 中相应的综合单价、答题卡表 3.17 中的相关信息，按《房屋建筑与装饰工程工程量计算规范》GB 50854—2013 的计算规则，在答题卡表 3.26 中编制该预应力长锚索边坡支护方案分部分项工程和单价措施项目清单与计价表。

4. 若仅有的总价措施安全文明施工费按分部分项工程的 6% 计取，其他项目费用为零，其中人工费占分部分项工程费及措施项目费的 25%，规费按人工费的 21% 计取，税金按 9% 计取，利用表 3.20 和问题 3 相应的计算结果，按《建设工程工程量清单计价规范》GB 50500—2013 的计算规则，在答题卡中列式计算两边坡支护方案的安全文明施工费、人工费、规费，在答题卡表 3.27 中编制两边坡支护方案单位工程控制价比较汇总表（两方案差值为长锚杆方案与长锚索方案控制价差值）。

（注：无特殊说明的，费用计算时均为不含税价格，计算结果保留两位小数）

【答案】

问题 1：

表 3.24 预应力长锚索边坡支护优化方案分部分项工程量

序号	项目名称	单位	计算过程	工程量
1	土方挖运 1km 以内	m^3	680 × 31 × 0.5−10 540.00	10 540.00
2	石方挖运 1km 以内	m^3	680 × 31 × 0.5=10 540.00	10 540.00
3	预应力长锚索 6 × *D*25	m	680 × 0.8 × 25=13 600.00	13 600.00
4	[22a 通长槽钢腰梁	m	680 × 2=1 360.00	1 360.00
5	C25 毛石混凝土填充	m^3	680 × 9.6=6 528.00	6 528.00

问题 2：

表 3.25 预应力长锚索综合单价分析表

<table>
<tr><td>项目编码</td><td colspan="2">010202007002</td><td>项目名称</td><td colspan="2">预应力长锚索</td><td>计量单位</td><td>m</td><td colspan="2">工程量</td><td colspan="2">13 600.00</td></tr>
<tr><td colspan="12">清单综合单价组成明细</td></tr>
<tr><td rowspan="2">定额编号</td><td rowspan="2">定额名称</td><td rowspan="2">定额单位</td><td rowspan="2">数量</td><td colspan="4">单价 / 元</td><td colspan="4">合价 / 元</td></tr>
<tr><td>人工费</td><td>材料费</td><td>机械费</td><td>管理费和利润</td><td>人工费</td><td>材料费</td><td>机械费</td><td>管理费和利润</td></tr>
<tr><td>2–51</td><td>D150 钻机成孔</td><td>m</td><td>1.00</td><td>40.00</td><td>5.50</td><td>21.00</td><td>11.77</td><td>40.00</td><td>5.50</td><td>21.00</td><td>11.77</td></tr>
</table>

续表 3.25

定额编号	定额名称	定额单位	数量	单价 / 元				合价 / 元			
				人工费	材料费	机械费	管理费和利润	人工费	材料费	机械费	管理费和利润
2–99	6×D25长锚索及注浆	m	1.00	95.00	266.30	2.60	64.41	95.00	266.30	2.60	64.41
人工单价		小计						135.00	271.80	23.60	76.18
100 元 / 工日		未计价材料费 / 元						0.00			
清单项目综合单价								506.58			

材料费明细	主要材料名称、规格、型号	单位	数量	单价 / 元	合价 / 元	暂估单价 / 元	暂估合价 / 元
	钢绞线 6×ϕ25	kg	19.44	7.60	147.74		
	水泥 42.5 级	kg	48.40	0.58	28.07		
	灌浆塑料管 S32	m	1.06	13.00	13.78		
	其他材料费			—	82.20	—	
	材料费小计			—	271.79	—	

问题 3：

表 3.26　预应力长锚索边坡支护方案分部分项工程和单价措施项目清单与计价表

序号	项目编码	项目名称	项目特征描述	计量单位	工程量	金额 / 元	
						综合单价	合价
一	分部分项工程						
1	010101002001	开挖土方	挖运 1km 以内	m^3	10 540.00	16.45	173 383.00
2	010102002001	开挖石方	风化岩挖运 1km 以内	m^3	10 540.00	24.37	256 859.80
3	010202007002	预应力长锚杆	6×D25，长 25m	m	13 600.00	506.58	6 889 488.00
4	010202007003	通长槽钢腰梁	⊏22a	m	1 360.00	435.09	591 722.40
5	010507007001	C25 毛石混凝土填充	C25 毛石混凝土	m^3	6 528.00	335.60	2 190 796.80
分部分项工程小计							10 102 250.00

续表 3.26

序号	项目编码	项目名称	项目特征描述	计量单位	工程量	金额/元	
						综合单价	合价
二	单价措施项目						
1	019408060001	脚手架及大型设备进出场及安拆费		项	1.00	340 000.00	340 000.00
单项措施项目小计							340 000.00
分部分项工程和单项措施项目小计							10 442 250.00

问题 4：

长锚杆方案安全文明施工费 =14 578 805.60 × 6%=874 728.34（元）

长锚杆方案中人工费 =（15 048 805.60+874 728.34）× 25%=3 980 883.49（元）

长锚杆方案规费 =3 980 883.49 × 21%=835 985.53（元）

长锚索方案安全文明施工费 =10 102 250.00 × 6%=606 135.00（元）

长锚索方案中人工费 =（10 442 250.00+606 135.00）× 25%=2 762 096.25（元）

长锚索方案规费 =2 762 096.25 × 21%= 580 040.21（元）

表 3.27 两边坡支护方案单位工程控制价比较汇总表

序号	汇总内容	金额/元		
		长锚杆方案	长锚索方案	两方案差值
1	分部分项工程	14 578 805.60	10 102 250.00	
2	措施项目	1 344 728.34	946 135.00	
2.1	其中：安全文明施工费	874 728.34	606 135.00	
3	其他项目	0	0	
4	规费	835 985.53	580 040.21	
5	税金	1 509 252.34	1 047 453.86	
控制价总价合计		18 267 876.22	12 674 983.48	5 592 892.74

五、2019 年考题

某城市 188m 大跨度预应力拱形钢桁架结构体育场馆，下部钢筋混凝土基础平面布置图及基础详图设计如图 3.6“基础平面布置图”、图 3.7“基础详图”所示，中标该项目的施工企业拟采用大体积混凝土施工，为加强成本核算和清晰掌握该分部分项工程实际成本，拟采用实物量法计算该分部分项工程费用目标管理控制价。该施工企业内部相关单位工程量人材机消耗定额及实际掌握项目所在地除税价格见表 3.28“企业内部单位工程量人材机消耗定额”。

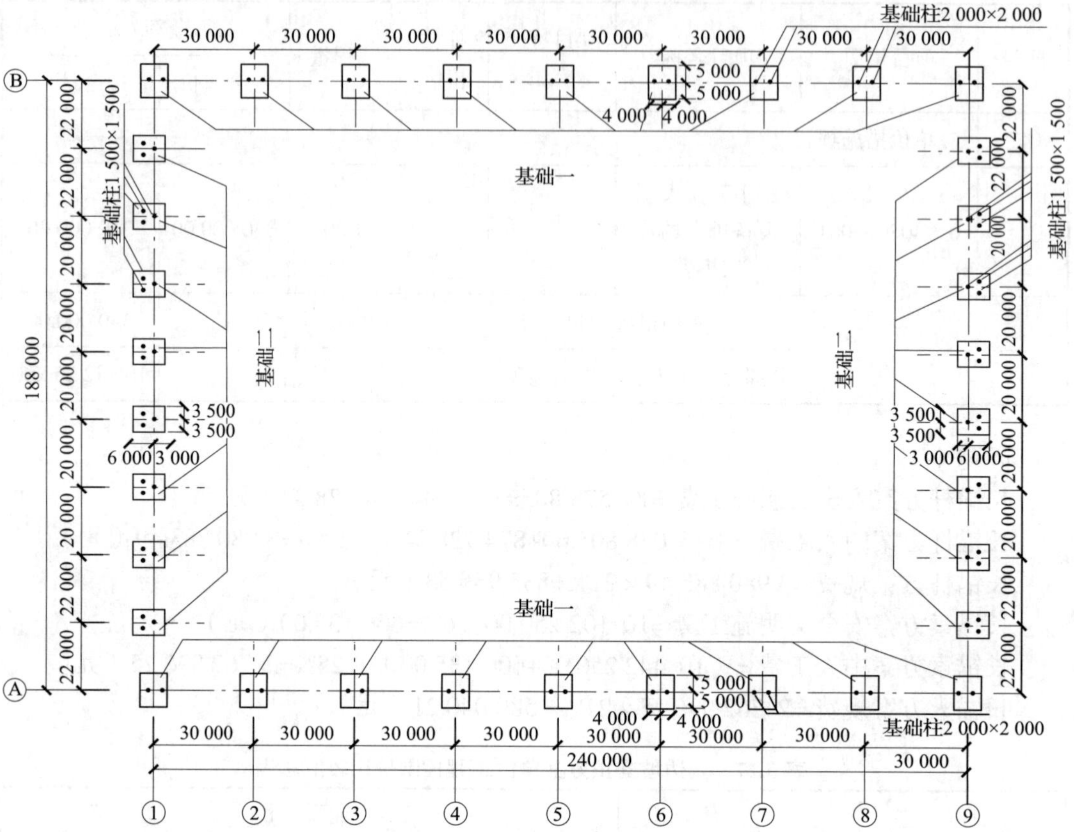

图 3.6 基础平面布置图

说明：

1. 本图为大跨度预应力拱形钢桁架结构下部钢筋混凝土独立基础平面布置图。
2. 混凝土强度等级：基础垫层为 C15，独立基础及基础矩形柱为 C30；钢筋强度级别为 HRB400。
3. 基础垫层厚 100mm，每边宽出基础边线 100mm。

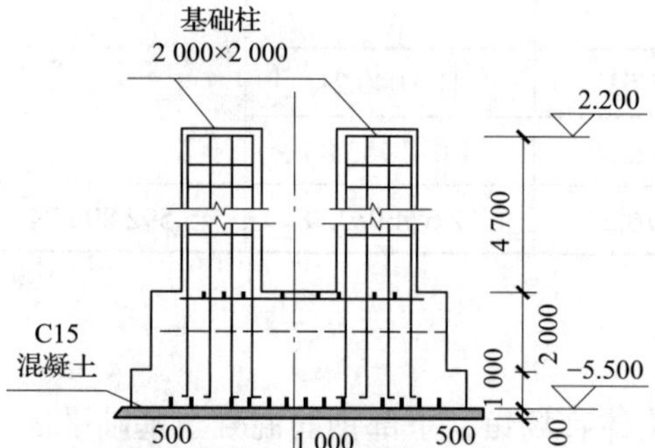

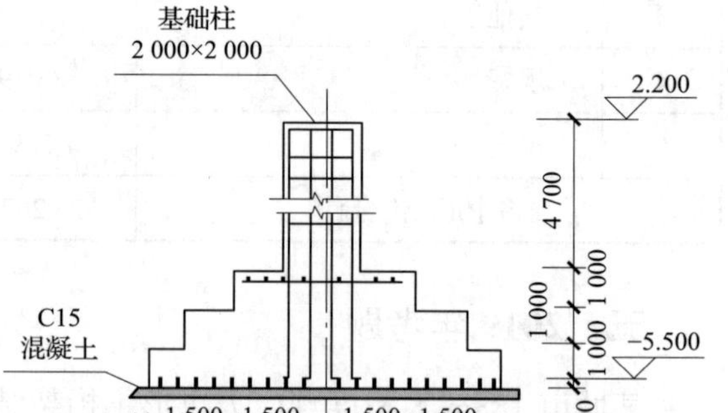

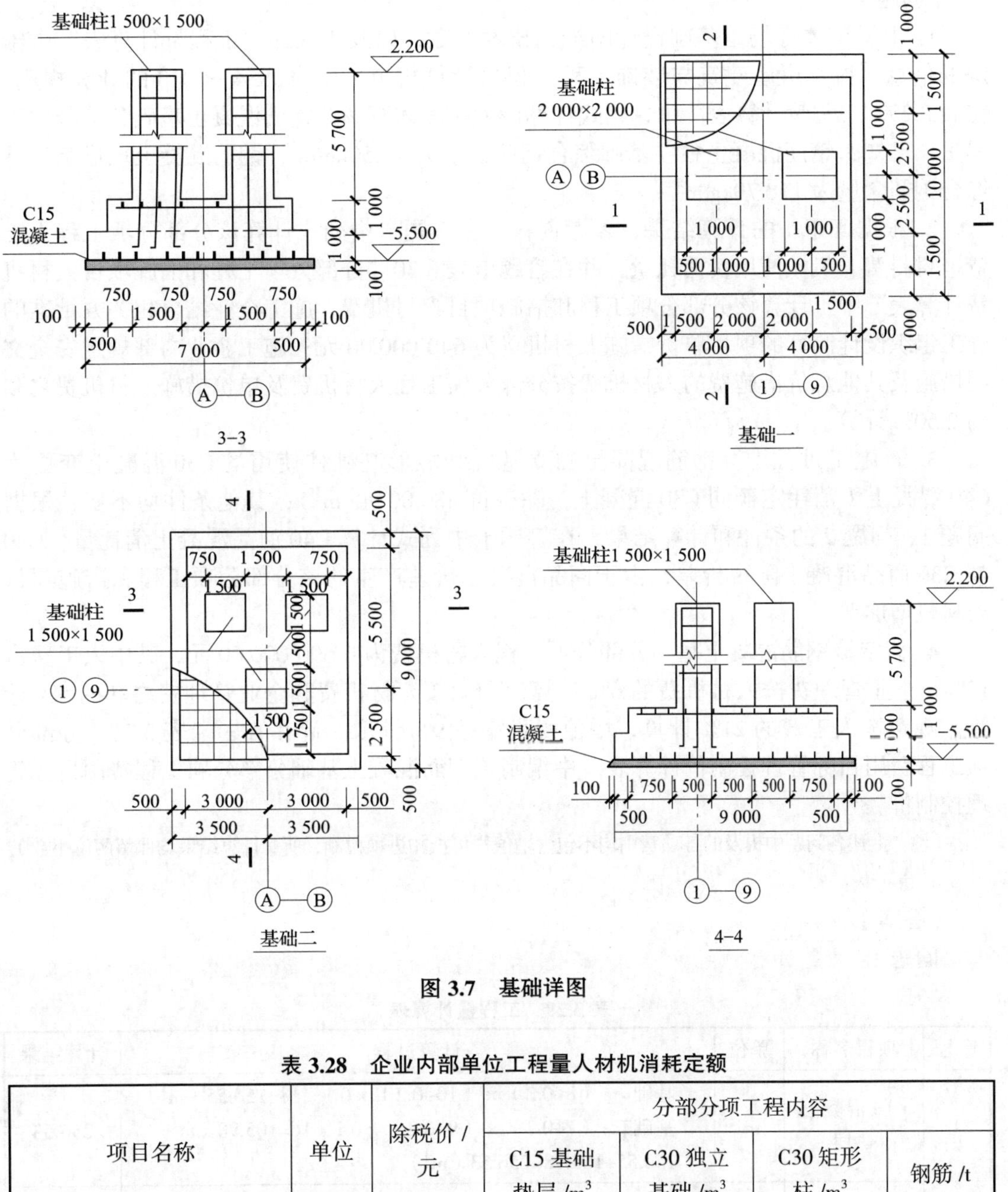

图 3.7　基础详图

表 3.28　企业内部单位工程量人材机消耗定额

项目名称		单位	除税价/元	分部分项工程内容			
				C15 基础垫层 /m^3	C30 独立基础 /m^3	C30 矩形柱 /m^3	钢筋 /t
人材机	工日（综合）	工日	110.00	0.40	0.60	0.70	6.00
	C15 商品混凝土	m^3	400.00	1.02			
	C30 商品混凝土	m^3	460.00		1.02	1.02	
	钢筋（综合）	t	3 600.00				1.03
	其他辅助材料费	元	—	8.00	12.00	13.00	117.00
	机械使用费（综合）	元	—	1.60	3.90	4.20	115.00

【问题】

1. 根据该体育场馆基础设计图纸、技术参数，以及表 3.29“工程量计算表”中给定的信息，按《房屋建筑与装饰工程工程量计算规范》GB 50854—2013 的计算规则，在表 3.29“工程量计算表”中，列式计算该大跨度体育场馆钢筋混凝土基础分部分项工程量，已知：钢筋混凝土独立基础综合钢筋含量为 72.50kg/m³，钢筋混凝土矩形基础柱综合钢筋含量为 118.70kg/m³。

2. 根据问题 1 的计算结果，参考资料，在答题卡中列式计算该分部分项工程人工费、材料费、机械使用费消耗量，并在答题卡表 3.30“分部分项工程和措施项目人材机费计算表”中，计算该分部分项工程和措施项目人材机费，施工企业结合相关方批准的施工组织设计测算的项目单价措施人材机费为 640 000.00 元；施工企业内部规定安全文明措施及其他总价措施费的人材机费按分部分项工程人材机费及单价措施人材机费之和的 2.50% 计算。

3. 若施工过程中，钢筋混凝土独立基础和矩形基础柱使用的 C30 混凝土变更为 C40 混凝土（消耗定额同 C30 混凝土，除税价 480.00 元 /m³），其他条件均不变，根据问题 1、问题 2 的条件和计算结果，在答题卡中列式计算 C40 商品混凝土消耗量，C40 与 C30 商品混凝土除税价差，由于商品混凝土价差产生的该分部分项工程和措施项目人材机增加费。

4. 假定该钢筋混凝土基础分部分项工程人材机费为 6 600 000.00 元，其中人工费占 13%，企业管理费按人材机费的 6% 计算，利润按人材机费和企业管理费之和的 5% 计算，规费按人工费的 21% 计算，增值税税率按 9% 计取。请在答题卡表 3.31“分部分项工程费用目标管理控制价计算表”中编制该钢筋混凝土基础分部分项工程费用目标管理控制价。

（注：上述各问题中提及的各项费用均不包含增值税可抵扣进项税额，所有计算结果均保留两位小数）

【答案】

问题 1：

表 3.29 工程量计算表

序号	项目名称	单位	计算过程	计算结果
1	C15 混凝土垫层	m³	基础一：（8+0.2）×（10+0.2）×0.1×18=150.55（m³） 基础二：（7+0.2）×（9+0.2）×0.1×16=105.98（m³） 150.55+105.98=256.53（m³）	256.53
2	C30 混凝土独立基础	m³	基础一：18×［8×10×1+（8–0.5×2）×（10–1×2）×1+（8–0.5×2）×（10–2.5×2）×1］=3 078（m³） 基础二：16×［7×9×1+（7–0.5×2）×（9–0.5×2）×1］=16×111=1 776（m³） 3 078+1 776=4 854（m³）	4 854.00
3	C30 混凝土矩形基础柱	m³	① 2×2×4.7×18×2=676.80（m³） ② 1.5×1.5×5.7×16×3=615.60（m³） 676.80+615.60=1 292.40（m³）	1 292.40

续表 3.29

序号	项目名称	单位	计算过程	计算结果
4	钢筋(综合)	t	独立基础：4 854 × 72.50/1 000=351.92（t） 矩形柱：1 292.4 × 118.70/1 000=153.41（t） 351.92+153.41=505.33（t）	505.33

问题 2：

（1）人工消耗量 =256.53 × 0.4+4 854 × 0.6+1 292.40 × 0.7+6 × 505.33=6 951.67（工日）

（2）C15 商品混凝土：256.53 × 1.02=261.66（m^3）

（3）C30 商品混凝土：4 854 × 1.02+1 292.40 × 1.02=6 269.33（m^3）

（4）钢筋：505.33 × 1.03=520.49（t）

（5）其他辅助材料费 =8 × 256.53+12 × 4 854+13 × 1 292.40+117 × 505.33=136 225.05（元）

（6）机械使用费 =1.6 × 256.53+3.9 × 4 854+4.2 × 1 292.40+115 × 505.33=82 882.08（元）

（7）单价措施人材机费 =640 000.00（元）

（8）安全文明措施费及其他总价措施费的人材机费 =（6 951.67 × 110+261.66 × 400+6 269.33 × 460+520.49 × 3 600+136 225.05+82 882.08+640 000）× 2.5%=162 152.77（元）

表 3.30　分部分项工程和措施项目人材机费计算表

序号	项目名称	单位	消耗量	除税单价 / 元	除税合价 / 元
1	人工费（综合）	工日	6 951.67	110.00	764 683.70
2	C15 商品混凝土	m^3	261.66	400.00	104 664.00
3	C30 商品混凝土	m^3	6 269.33	460.00	2 883 891.80
4	钢筋（综合）	t	520.49	3 600.00	1 873 764.00
5	其他辅助材料费	元			136 225.05
6	机械使用费（综合）	元			82 882.08
7	单价措施人材机费	项			640 000.00
8	安全文明施工费及其他总价措施人材机费	元			162 152.77
9	人材机费合计	元			6 648 263.40

问题 3：

（1）C40 商品混凝土消耗量 =（4 854+1 292.40）× 1.02=6 269.33（m^3）

（2）除税价差 =480−460=20.00（元 /m^3）

（3）分部分项和措施项目人材机增加费：

①分部分项人材机增加费 =6 269.33 × 20=125 386.60（元）

②措施项目人材机增加费 =125 386.60 × 2.5%=3 134.67（元）

125 386.60+3 134.67=128 521.27（元）

问题 4：

表 3.31　分部分项工程费用目标管理控制价计算表

序号	费用名称	计算基础	金额 / 元
1	人材机费		6 600 000
	其中：人工费	分部分项工程人材机费	858 000
2	企业管理费	分部分项工程人材机费	396 000
3	利润	分部分项工程人材机费 + 企业管理费	349 800
4	规费	分部分项工程人工费	180 180
5	增值税	分部分项工程人材机费 + 企业管理费 + 利润 + 规费	6 773 338.20
6	目标管理控制价合计		8 203 318.20

人工费 =6 600 000 × 13%=858 000.00（元）

企业管理费 =6 600 000 × 6%=396 000.00（元）

利润 =（6 600 000+396 000）× 5%=349 800.00（元）

规费 =858 000 × 21%=180 180.00（元）

增值税 =（6 600 000+396 000+349 800+180 180）× 9%=7 525 980 × 9%=6 773 338.20（元）

目标管理控制价合计 =7 525 980+677 338.20=8 203 318.20（元）

知识点凝练

知识点一：施工定额与预算定额

表 3.32　施工定额与预算定额

项目	施工定额	预算定额
定义	施工企业内部使用的一种定额，用于企业的生产组织与管理，具有企业生产定额的性质。它是投标报价的基础，是编制预算定额的基础。施工定额包括人材机消耗量定额	预算定额是在编制施工图预算时，用以计算工程造价和工程中人工、材料、机械台班需要量的定额。它是施工定额的扩大，预算定额是一种计价性的定额，在工程建设定额中占有很重要的地位。它是概算定额、概算指标和估算指标的编制基础。它包括人材机消耗量定额及预算基价

续表 3.32

项目	施工定额	预算定额
内容	1. 人工定额又称劳动定额，是完成单位合格产品所需的时间。表现形式可分为时间定额与产量定额，两者互为倒数关系。 定额时间 = 基本工作时间 + 辅助工作时间 + 准备与结束时间 + 不可避免的中断时间 + 休息时间 2. 材料消耗定额，是完成单位合格产品所需的材料用量，包括净用量与损耗量。 即：材料消耗量 = 材料净用量 + 损耗量 3. 机械台班定额，是完成单位合格产品所需机械的消耗时间。表现形式包括产量定额与时间定额，两者互为倒数关系。 机械台班产量定额 = 机械 1h 纯工作正常生产率 × 工作班延续时间 × 机械正常利用系数	1. 人工消耗量 = 基本用工 + 其他用工 其他用工 = 超运距用工 + 辅助用工 + 人工幅度差用工 人工幅度差 =（基本用工 + 辅助用工 + 超运距用工）× 人工幅度差系数 2. 材料消耗量 = 材料净用量 + 损耗量 3. 机械台班消耗量 = 施工定额机械台班消耗量 ×（1+ 机械幅度差系数） 4. 预算基价 = 人工费 + 材料费 + 施工机械费 其中： 人工费 = Σ（预算定额人工消耗量 × 人工工日单价） 材料费 = Σ（预算定额材料消耗量 × 材料基价） 机械费 = Σ（预算定额机械消耗量 × 机械台班单价） 或机具使用费 = Σ（预算定额中机械台班用量 × 机械台班单价）+ Σ（仪器仪表台班用量 × 仪器仪表台班单价）

知识点二：清单综合单价的构成及计算

表 3.33　清单综合单价的构成及计算

定义	完成单位合格产品所需要的综合费用（除税价格），包括人工费、材料费、机械费、管理费、利润及风险
计算	清单综合单价 = 完成清单项目所需的方案总费用 / 清单量 其中： 方案总费用 = Σ（完成清单需要的方案量 × 相应的方案单价） 例： $\text{挖基础土方综合单价}=\dfrac{\left(\text{人工挖土方方案量}\times\text{相应综合单价}+\text{机械挖土方方案量}\times\text{相应综合单价}+\text{支护方案量}\times\text{相应综合单价}+\text{外运土方方案量}\times\text{相应综合单价}+\text{钎探方案量}\times\text{相应综合单价}\right)}{\text{清单工程量}}$

知识点三：单位工程清单计价文件的编制

表 3.34 单位工程清单计价汇总表（招标控制价、投标报价、竣工结算）

序号	项目名称	金额 / 元
1	分部分项工程费用合计	Σ（分部分项清单量 × 综合单价）
2	措施项目费用合计	措施项目费用 = Σ 按“项”计算的措施项目费用 + Σ（措施项目清单量 × 综合单价）=（2.1）+（2.2） 其中：按“项”计算费用的有安全文明施工费、二次搬运费、夜间施工增加费、非夜间施工照明费、冬雨季施工增加费等，按“量”计算费用的有模板支架费、垂直运输费、脚手架费、大型机械进出场费、降水费、超高工程附加费等
2.1	总价措施项目费	
2.2	单价措施项目费	
其中：安全文明施工费		
3	其他项目清单费用合计	其他项目清单费用 =（3.1）+（3.2）+（3.3）+（3.4）+（3.5）。说明：如果是竣工结算，则暂列金额转换为实际的索赔费用、签证费用等
3.1	暂列金额	最高投标限价、投标报价可以有此项，但竣工结算款没有此项
3.2	专业工程暂估价	最高投标限价、投标报价此项是估价，但竣工结算款按实际发生的价款计
3.3	总承包服务费	最高投标限价、投标报价此项是估价，但竣工结算款按实际发生的价款计
3.4	计日工	最高投标限价、投标报价此项是估价，但竣工结算款按实际发生的价款计
3.5	索赔费用、签证费用等	竣工结算款可以有此项，按实际发生计，但招标控制价、投标报价没有此项
4	规费	规费 =（分部分项费用 + 措施项目费用 + 其他项目费用）× 规费费率 或：规费 = 人工费 × 规费费率
5	税金	税金（增值税）=（分部分项费用 + 措施项目费用 + 其他项目费用 + 规费）× 税率
投标报价 / 最高投标限价 / 竣工结算合计		

知识点四：根据现行规范计算清单工程量

1. 计算依据主要是：《房屋建筑与装饰工程工程量计算规范》GB 50854—2013、《通用安装工程工程量计算规范》GB 50856—2013、《建筑工程建筑面积计算规范》GB/T 50353—2013。

2. 土建计算规则。

（1）土石方工程（编码：0101）。

表 3.35　土石方工程计算规则

项目名称		计量单位	工程量计算规则
土石方工程	平整场地	m^2	建筑物首层建筑面积
	挖一般土方	m^3	按挖掘前的天然密实体积
	挖沟槽土方、挖基坑土方	m^3	基础垫层底面积乘以挖土深度
	冻土开挖	m^3	开挖面积乘以厚度
	挖淤泥、流砂	m^3	设计图示位置、界限
	管沟土方	m 或 m^3	1. 按设计图示以管道中心线长度计算； 2. 按设计图示管底垫层面积乘以挖土深度以体积计算。无管底垫层按管外径的水平投影面积乘以挖土深度计算
石方工程	挖一般石方	m^3	按设计图示尺寸以体积计算
	挖沟槽（基坑）石方	m^3	沟槽（基坑）底面积乘以挖石深度
	管沟石方	m 或 m^3	1. 按设计图示以管道中心线长度计算； 2. 按设计图示截面积乘以长度以体积计算
回填	回填方	m^3	按设计图示尺寸以体积计算
	余方弃置	m^3	按挖方清单项目工程量减利用回填方体积（正数）计算

（2）地基处理与边坡支护工程（编码：0102）。

表 3.36　地基处理与边坡支护工程计算规则

是否有新填料		项目名称	计量单位	计算规则
有新填料	不含胶凝材料	换填垫层	m^3	
		振冲桩（填料）	m、m^3	
		砂石桩	m、m^3	

续表 3.36

是否有新填料		项目名称	计量单位	计算规则
有新填料	含水泥、石灰等胶凝材料	水泥粉煤灰碎石桩	m	
		夯实水泥土桩	m	
		石灰桩	m	
		灰土（土）挤密桩	m	
		深层搅拌桩	m	
	含水泥、石灰等胶凝材料	粉喷桩	m	
		柱锤冲扩桩	m	
无新填料	预压地基		m^2	按处理范围
	强夯地基		m^2	按处理范围
	振冲密实（不填料）		m^2	按处理范围
土工合成材料			m^2	
褥垫层			m^2、m^3	按铺设面积
注浆地基			m、m^3	

（3）基坑与边坡支护（编码：010202）。

表 3.37 基坑与边坡支护计算规则

功能	项目名称		计量单位	计算规则
挡墙	地下连续墙（多功能）		m^3	按墙中心线长乘以厚度乘以槽深
	挡土	咬合灌注桩	m、根	
		圆木桩	m、根	
		预制钢筋混凝土板桩	m、根	
	钢	型钢桩	t、根	
		钢板桩	t、m^2	
支撑	钢筋混凝土支撑		m^3	
	钢支撑		t	
拉锚	锚杆（锚索）		m、根	按钻孔深度
	土钉		m、根	按钻孔深度
	喷射混凝土、水泥砂浆		m^2	

（4）桩基础工程（编码：0103）。

表 3.38　桩基础工程计算规则

项目名称	计量单位	计算规则
预制钢筋混凝土方桩、预制钢筋混凝土管桩	m、m^3、根	按设计图示截面面积乘以桩长（包括桩尖）
泥浆护壁成孔灌注桩、沉管灌注桩、干作业成孔灌注桩	m、m^3、根	按不同截面在桩上范围内
钢管桩	t、根	
截（凿）桩头［适用于地基处理与边坡支护工程、桩基础工程所列桩的桩头截（凿）］	m^3、根	按设计桩截面乘以桩头长度
挖孔桩土（石）方	m^3	按设计图示尺寸（含护壁）截面面积乘以挖孔深度
人工挖孔灌注桩	m^3、根	按桩芯混凝土体积
钻孔压浆桩	m^3、根	
灌注桩后压浆		按设计图示以注浆孔数

注：1. 打试验桩和打斜桩应按相应项目单独列项，并应在项目特征中注明试验桩或斜桩（斜率）。
2. 混凝土灌注桩的钢筋笼制作、安装，按混凝土与钢筋混凝土工程中相关项目编码列项。

（5）砌筑工程（编码：0104）。

表 3.39　砌筑工程计算规则

项目名称	计算规则	计量单位	扣除	不扣除	增加	不增加
砖基础	设计图示尺寸	m^3	地梁（圈梁）、构造柱	基础大放脚T形接头处的重叠部分及嵌入基础内的钢筋、铁件、管道、基础砂浆防潮层和单个面积≤$0.3m^2$的孔洞所占体积	附墙垛基础宽出部分体积	靠墙暖气沟的挑檐
实心砖墙、多孔砖墙、空心砖墙	设计图示尺寸	m^3	门窗、洞口、嵌入墙内的钢筋混凝土柱、梁、圈梁、挑梁、过梁及凹进墙内的壁龛、管槽、暖气槽、消火栓箱所占体积	梁头、板头、檩头、垫木、木楞头、沿缘木、木砖、门窗走头、砖墙内加固钢筋、木筋、铁件、钢管及单个面积≤$0.3m^2$的孔洞所占的体积	凸出墙面的砖垛、附墙烟囱、通风道、垃圾道应按设计图示尺寸的体积（扣除孔洞所占体积）	凸出墙面的腰线、挑檐、压顶、窗台线、虎头砖、门窗套的体积

续表 3.39

项目名称	计算规则	计量单位	扣除	不扣除	增加	不增加
实心砖墙、多孔砖墙、空心砖墙	框架间墙（不分内外墙按墙体净尺寸）	m^3				
	围墙［高度算至压顶上表面（如有混凝土压顶时算至压顶下表面）］	m^3			围墙柱	
空斗墙	按设计图示尺寸以空斗墙外形体积计算	m^3			墙角、内外墙交接处、门窗洞口立边、窗台砖、屋檐处的实砌部分体积	
空花墙	按设计图示尺寸以空花部分外形体积计算	m^3		不扣空洞部分体积		
填充墙	按设计图示尺寸以填充墙外形体积计算	m^3				
实心砖柱、多孔砖柱	按设计图示尺寸以体积计算	m^3	扣除混凝土及钢筋混凝土梁垫、梁头、板头所占体积			
零星砌砖	砖砌锅台与炉灶可按外形尺寸以个计算	个				
	砖砌台阶可按水平投影面积以平方米计算	m^2				
	小便槽、地垄墙可按长度计算	m				
	其他工程以立方米计算	m^3				

续表 3.39

项目名称	计算规则	计量单位	扣除	不扣除	增加	不增加
砖检查井	按设计图示数量计算	座				
砖散水、地坪	按设计图示尺寸以面积计算	m^2				
砖地沟、明沟	按设计图示以中心线长度计算	m				
砖砌挖孔桩护壁	按设计图示尺寸以体积计算	m^3				
石基础	按设计图示尺寸以体积计算	m^3		基础砂浆防潮层及单个面积≤ $0.3m^2$ 的孔洞所占体积	附墙垛基础宽出部分体积	靠墙暖气沟的挑檐
石勒脚	按设计图示尺寸以体积计算	m^3	单个面积 $>0.3m^2$ 的孔洞所占体积			
石挡土墙	其工程量按设计图示尺寸以体积计算（石梯膀）	m^3				
石台阶	按设计图示尺寸以体积计算石梯带（垂带）	m^3				
石栏杆（无雕饰）	按设计图示以长度计算	m				
石护坡	按设计图示尺寸以体积计算	m^3				
石坡道	按设计图示尺寸以水平投影面积计算	m^2				
石地沟、明沟	按设计图示以中心线长度计算	m				

（6）混凝土及钢筋混凝土工程（编码：0105）。

表 3.40　现浇混凝土工程计算规则

项目名称	编码	计量单位	扣除	不扣除	增加	不增加
混凝土及钢筋混凝土工程		m^3	劲性骨架的型钢所占体积	构件内钢筋、螺栓、预埋铁件、张拉孔道所占体积		
现浇混凝土基础	010501			构件内钢筋、预埋铁件和伸入承台基础的桩头所占体积		
现浇混凝土柱	010502			构件内钢筋、预埋铁件所占体积		
现浇混凝土梁	010503			不扣除构件内钢筋、预埋铁件所占体积	伸入墙内的梁头、梁垫	
现浇混凝土墙	010504		门窗洞口及单个面积 >0.3m^2 的孔洞所占体积	构件内钢筋、预埋铁件所占体积	墙垛及突出墙面部分	
现浇混凝土板：有梁板、无梁板、平板、拱板、薄壳板、栏板	010505			构件内钢筋、预埋铁件及单个面积 ≤ 0.3m^2 的柱、垛以及孔洞所占体积	各类板伸入墙内的板头	
现浇混凝土板：压形钢板混凝土楼板			构件内压形钢板所占体积			
现浇混凝土板：天沟（檐沟）、挑檐板						
现浇混凝土板：雨篷、悬挑板、阳台板（以墙外部分体积计算）					伸出墙外的牛腿和雨篷反挑檐的体积	
现浇混凝土板：空心板（GBF 高强薄壁蜂巢芯板等）			空心部分体积			

续表 3.40

<table>
<tr><th colspan="2">项目名称</th><th>计量单位</th><th>扣除</th><th>不扣除</th><th>增加</th><th>不增加</th></tr>
<tr><td>现浇混凝土楼梯（水平投影面积或体积）</td><td>010506</td><td>m^2 或 m^3</td><td></td><td>宽度≤500mm 的楼梯井</td><td></td><td>伸入墙内部分</td></tr>
<tr><td rowspan="6">现浇混凝土其他构件</td><td>散水、坡道、室外地坪</td><td>010507</td><td>m^2</td><td></td><td>单个面积≤ $0.3m^2$ 的孔洞所占面积；构件内钢筋、预埋铁件所占体积</td><td></td><td></td></tr>
<tr><td>电缆沟、地沟</td><td></td><td>m</td><td></td><td></td><td></td><td></td></tr>
<tr><td colspan="2">台阶（水平投影面积或体积）</td><td>m^2（砖台阶）或 m^3（石台阶）</td><td colspan="4"></td></tr>
<tr><td colspan="2">扶手、压顶</td><td>m 或 m^3</td><td></td><td></td><td></td><td></td></tr>
<tr><td colspan="2">化粪池、检查井</td><td>座或 m^3</td><td></td><td></td><td></td><td></td></tr>
<tr><td colspan="2">现浇混凝土小型池槽、垫块、门框等</td><td>m^3</td><td></td><td></td><td></td><td></td></tr>
<tr><td>后浇带</td><td>010508</td><td>m^3</td><td></td><td></td><td></td><td></td></tr>
</table>

表 3.41　预制混凝土工程计算规则

<table>
<tr><th colspan="2">项目名称</th><th>计量单位</th><th>计算规则</th></tr>
<tr><td colspan="2">预制混凝土柱（编码：010509）</td><td rowspan="2">m^3/ 根</td><td rowspan="2">项目特征应描述图代号、单件体积、安装高度、混凝土强度等级、砂浆（细石混凝土）强度等级及配合比。当以根计量时，必须描述单件体积</td></tr>
<tr><td colspan="2">预制混凝土梁（编码：010510）</td></tr>
<tr><td colspan="2">预制混凝土屋架（编码：010511）</td><td>m^3/ 榀</td><td>三角形屋架按折线形屋架项目编码列项</td></tr>
<tr><td rowspan="2">预制混凝土板（编码：010512）</td><td>平板、空心板、槽形板、网架板、折线板、带肋板、大型板</td><td rowspan="3">m^3/ 块</td><td>不扣：单个面积≤ 300mm × 300mm 的孔洞所占体积
扣除：空心板空洞体积</td></tr>
<tr><td>沟盖板、井盖板、井圈</td><td></td></tr>
<tr><td colspan="2">预制混凝土楼梯（编码：010513）</td><td>扣除：空心踏步板空洞体积</td></tr>
<tr><td colspan="2">其他预制构件（编码：010514）</td><td>m^2（m^3）/ 块（根）</td><td>不扣除：单个面积≤ 300mm × 300mm 的孔洞所占体积
扣除：烟道、垃圾道、通风道的孔洞所占体积</td></tr>
</table>

（7）金属结构工程（编码：0106）。

表 3.42 金属结构工程计算规则

项目名称	计量单位	扣除	不扣除	增加	不增加
钢网架	t		孔眼的质量		焊条、铆钉等
钢屋架	t/ 榀		孔眼的质量		焊条、铆钉、螺栓
钢托架、钢桁架、钢架桥	t		孔眼、切边、切肢的质量		焊条、铆钉、螺栓等
实腹柱、空腹柱	t		孔眼、切边、切肢的质量	依附在钢柱上的牛腿及悬臂梁	焊条、铆钉、螺栓等
钢管柱	t		孔眼、切边、切肢的质量	钢管柱上的节点板、加强环、内衬管、牛腿等	焊条、铆钉、螺栓等
钢梁	t		孔眼、切边、切肢的质量	制动梁、制动板、制动桁架、车挡	焊条、铆钉、螺栓等
压型钢板楼板（以铺设水平投影面积）	m^2		单个面积≤ $0.3m^2$ 的柱、垛及孔洞所占面积		
压型钢板墙板（铺挂面积）	m^2		单个面积≤ $0.3m^2$ 的梁、孔洞所占面积		包角、包边、窗台泛水等
钢构件	t		孔眼、切边、切肢的质量	依附漏斗的型钢	焊条、铆钉、螺栓等

（8）门窗工程（编码：0108）。

表 3.43 门窗工程计算规则

项目名称		计算规则	计量单位	备注
门	通用	设计图示数量	樘	1. 木质门带套计量按洞口尺寸以面积计算，不包括门套的面积，但门套应计算在综合单价中； 2. 金属门门锁安装不需要单独列项，已包含在金属门工作内容中； 3. 特种门应区分冷藏门、冷冻间门、保温门、变电室门、隔音门、防射线门、人防门、金库门等项目，分别编码列项
	有洞口尺寸	设计图示洞口尺寸	m^2	
	无洞口尺寸	门框、扇外围面积	m^2	

续表 3.43

项目名称		计算规则	计量单位	备注
窗	通用	设计图示数量	樘	
	木质窗 / 金属窗	设计图示洞口尺寸	m^2	彩板窗、复合材料窗按设计图示洞口尺寸或框外围以面积计算
	木纱窗 / 金属纱窗	框的外围尺寸	m^2	
	木飘（凸）窗、木橱窗金属（塑钢、断桥）橱窗、金属（塑钢、断桥）飘（凸）窗	框外围展开面积	m^2	木橱窗、木飘（凸）窗以樘计量，项目特征必须描述框截面及外围展开面积
门窗套	通用	设计图示数量	樘	1. 门窗套适用于单独门窗套的制作、安装； 2. 在项目特征描述时，当以樘计量，项目特征必须描述洞口尺寸、门窗套展开宽度； 3. 当以米计量，项目特征必须描述门窗套展开宽度、筒子板及贴脸宽度
	展开面积（除门窗贴脸）		m^2	
	按设计图示中心以延长米计算		m	
窗台板		展开面积	m^2	
窗帘		成活后长度	m	
		成活后展开面积	m^2	
木窗帘盒，饰面夹板、塑料窗帘盒，铝合金属窗帘盒，窗帘轨			m	

（9）屋面及防水工程（编码：0109）。

表 3.44 屋面及防水工程计算规则

项目名称	计算规则	计量单位	不扣除	增加	不增加
瓦屋面、型材屋面	斜面积	m^2	房上烟囱、风帽底座、风道、小气窗、斜沟等所占面积		小气窗的出檐部分
阳光板、玻璃钢屋面	斜面积		不扣除屋面面积 ≤ $0.3m^2$ 孔洞所占面积		

续表 3.44

项目名称	计算规则	计量单位	不扣除	增加	不增加
膜结构屋面	需要覆盖的水平投影面积	m^2			
屋面卷材防水、屋面涂膜防水	斜屋顶（不包括平屋顶找坡）按斜面积计算	m^2	房上烟囱、风帽底座、风道、屋面小气窗和斜沟所占面积	屋面的女儿墙、伸缩缝和天窗等处的弯起部分	屋面防水搭接及附加层用量
	平屋顶按水平投影面积计算	m^2			
屋面刚性防水		m^2	房上烟囱、风帽底座、风道等所占面积		
屋面排水管		m	如设计未标注尺寸，以檐口至设计室外散水上表面垂直距离计算		
屋面排（透）气管		m			
屋面变形缝		m			
屋面（廊、阳台）泄（吐）水管		根或个			
屋面天沟、檐沟		m^2	铁皮和卷材天沟按展开面积计算		
墙面卷材防水、墙面涂膜防水、墙面砂浆防水（潮）		m^2			墙面防水搭接及附加层用量
墙面变形缝		m	若做双面，工程量乘以系数 2		
楼（地）面卷材防水、楼（地）面涂膜防水、楼（地）面砂浆防水（潮）		m^2			楼（地）面防水搭接及附加层用量
楼（地）面变形缝		m			

（10）保温、隔热、防腐工程（编码：0110）。

表 3.45　保温、隔垫、防腐工程计算规则

项目名称	计算规则	扣除	增加
保温隔热屋面	按设计图示尺寸以面积计算	面积 $>0.3m^2$ 的孔洞及占位面积	
保温隔热天棚	按设计图示尺寸以面积计算	面积 $>0.3m^2$ 的柱、垛、孔洞所占面积	与天棚相连的梁按展开面积；柱帽保温隔热

续表 3.45

项目名称	计算规则	扣除	增加
保温隔热墙面	按设计图示尺寸以面积计算	门窗洞口以及面积 >0.3m^2 的梁、孔洞所占面积	门窗洞口侧壁以及与墙相连的柱
隔热楼地面		面积 >0.3m^2 的柱、垛、孔洞所占面积	
其他保温隔热	按设计图示尺寸以展开面积计算	扣除面积 >0.3m^2 的孔洞及占位面积	
保温柱	柱断面保温层中心线展开长度乘以保温层高度以面积计算	面积 >0.3m^2 的梁所占面积	适用于不与墙、天棚相连的独立柱、梁
保温梁	梁断面保温层中心线展开长度乘以保温层长度以面积计算		
防腐面层平面防腐	按设计图示尺寸以面积计算	凸出地的构筑物、设备基础等以及面积 >0.3m^2 的孔洞、柱垛所占面积	
防腐面层立面防腐		门、窗洞口以及面积 >0.3m^2 的孔洞、梁所占面积	门、窗、洞口侧壁，垛突出部分按展开面积计算
隔离层平面防腐	按设计图示尺寸以面积计算	扣除凸出地面的构筑物、设备基础等以及面积 >0.3m^2 的孔洞、柱、垛所占面积	
隔离层立面防腐		扣除门、窗、洞口以及面积 >0.3m^2 的孔洞、梁所占面积	门、窗、洞口侧壁，垛突出部分按展开面积并入墙面积内
防腐涂料平面防腐	按设计图示尺寸以面积计算	扣除凸出地面的构筑物、设备基础等以及面积 >0.3m^2 的孔洞、柱、垛所占面积	
防腐涂料立面防腐		除门、窗、洞口以及面积 >0.3m^2 的孔洞、梁所占面积	门、窗、洞口侧壁，垛突出部分按展开面积并入墙面积内
砌筑沥青浸渍砖	按设计图示尺寸以体积计算		
池、槽块料防腐面层	按设计图示尺寸以展开面积计算		

注：除砌筑沥青浸渍砖单位为 m^3 外，其余均为 m^2。

（11）楼地面装饰工程（编码：0111）。

表 3.46 楼地面装饰工程计算规则

项目名称	计算规则	扣除	不扣除	增加	不增加
水泥砂浆楼地面	按设计图示尺寸以面积计算	凸出地面构筑物、设备基础、室内铁道、地沟等所占面积	间壁墙及面积 ≤ $0.3m^2$ 的柱、垛、附墙烟囱及孔洞所占面积		门洞、空圈、暖气包槽、壁龛的开口部分
现浇水磨石楼地面					
细石混凝土楼地面					
菱苦土楼地面					
自流坪楼地面					
平面砂浆找平层		只适用于仅做找平层的平面抹灰。楼地面混凝土垫层另按现浇混凝土基础中垫层项目编码列项，除混凝土外的其他材料垫层按砌筑工程中垫层项目编码列项			
块料面层				门洞、空圈、暖气包槽、壁龛的开口部分	
橡塑面层				门洞、空圈、暖气包槽、壁龛的开口部分	
其他材料面层				门洞、空圈、暖气包槽、壁龛的开口部分	
零星装饰项目					
踢脚线	工程量以“m^2”计量，按设计图示长度乘以高度以面积计算；以“m”计量，按延长米计算				
楼梯面层	按设计图示尺寸以楼梯（包括踏步、休息平台及≤ 500mm 的楼梯井）水平投影面积计算。楼梯与楼地面相连时，算至梯口梁内侧边沿；无梯口梁者，算至最上一层踏步边沿加 300mm				
台阶装饰	按设计图示尺寸以台阶（包括最上层踏步边沿加 300mm）水平投影面积计算				

注：单位均为 m^2，踢脚线还可用 m。

（12）墙、柱面装饰与隔断、幕墙工程（编码：0112）。

表 3.47　墙、柱面装饰与隔断、幕墙工程计算规则

项目名称			计量单位		计算规则
墙面	抹灰	外墙抹灰	按外墙垂直投影面积计算	m^2	扣除：墙裙、门窗洞口及单个 >0.3m^2 的孔洞所占面积； 不扣除：踢脚线、挂镜线和墙与构件交接处的面积； 增加：附墙柱、梁、垛、烟囱侧壁，飘窗凸出外墙面增加的抹灰； 不增加：门窗洞口和孔洞的侧壁及顶面
		外墙裙抹灰	按其长度乘以高度计算		
		内墙抹灰	按主墙间的净长乘以高度计算；无墙裙的内墙高度按室内楼地面至天棚底面计算； 有墙裙的内墙高度按墙裙顶至天棚底面计算。 但有吊顶天棚的内墙面抹灰，抹至吊顶以上部分在综合单价中考虑		
		内墙裙抹灰	按内墙净长乘以高度计算		
	墙饰面	墙面装饰板	按设计图示墙净长乘以净高以面积计算		扣除：门窗洞口及单个 >0.3m^2 的孔洞所占面积
		墙面装饰浮雕	按设计图示尺寸以面积计算		
柱(梁)	柱（梁）面抹灰		按设计图示柱（梁）断面周长乘以高度以面积计算		
	柱（梁）饰面	柱（梁）面装饰	按设计图示饰面外围尺寸以面积计算		增加：柱帽、柱墩
		成品装饰柱		根或 m	
镶贴块料	石材墙面、碎拼石材、块料墙面		按设计图示尺寸以镶贴表面积计算	m^2	
	石材柱面、块料柱面、拼碎块柱面				
	石材梁面、块料梁面				
	零星镶贴块料				
墙面	干挂石材钢骨架			t	

续表 3.47

项目名称		计量单位		计算规则
零星抹灰			m^2	墙、柱（梁）面积≤ 0.5m^2的少量分散抹灰按零星抹灰项目编码列项
幕墙	带骨架幕墙	按设计图示框外围尺寸以面积计算		不扣除：与幕墙同种材质的窗所占面积
	全玻（无框玻璃）幕墙	1. 按设计图示尺寸以面积计算； 2. 带肋全玻幕墙按展开面积计算		
隔断	木隔断、金属隔断	按设计图示框外围尺寸以面积计算		不扣除：单个≤ 0.3m^2的孔洞所占面积； 增加：浴厕门的材质与隔断相同时，门的面积
	玻璃隔断、塑料隔断			不扣除：单个≤ 0.3m^2的孔洞所占面积
	成品隔断	1. 按设计图示框外围尺寸以面积计算； 2. 按设计间的数量计算	m^2或间	

（13）天棚工程（编码：0113）。

表 3.48　天棚工程计算规则

项目名称		计量单位		计算规则
天棚抹灰	外墙抹灰	按设计图示尺寸以水平投影面积计算； 板式楼梯底面抹灰按斜面积计算； 锯齿形楼梯底板抹灰按展开面积计算	m^2	不扣除：间壁墙、垛、柱、附墙烟囱、检查口和管道所占的面积； 增加：带梁天棚、梁两侧抹灰面积
天棚吊顶		按设计图示尺寸以水平投影面积计算； 天棚面中的灯槽及跌级、锯齿形、吊挂式、藻井式天棚面积不展开		不扣除：间壁墙、检查口、附墙烟囱、柱垛和管道所占面积； 扣除：单个>0.3m^2的孔洞、独立柱及与天棚相连的窗帘盒所占面积

续表 3.48

项目名称	计量单位		计算规则
采光天棚	按框外围展开面积计算； 采光天棚骨架应单独列项	m^2	
灯带（槽）	按设计图示尺寸以框外围面积计算		
送风口、回风口		个	

（14）油漆、涂料、裱糊工程（编号：0114）。

表 3.49 油漆、涂料、裱糊工程计算规则

项目名称		计量单位		计算规则
油漆	门（窗）油漆	按设计图示数量； 按设计图示洞口尺寸	樘或 m^2	
	木扶手及其他板条、线条油漆		m	
	木材面油漆		m^2	木护墙、木墙裙油漆，窗台板、筒子板、盖板、门窗套、踢脚线油漆，清水板条天棚、檐口油漆，木方格吊顶天棚油漆，吸音板墙面、天棚面油漆，暖气罩油漆及其他木材面油漆，木地板油漆、木地板烫硬蜡面。 增加：空洞、空圈、暖气包槽、壁龛的开口部分
		按设计图示尺寸以单面外围面积计算		木间壁、木隔断油漆，玻璃间壁露明墙筋油漆，木栅栏、木栏杆（带扶手）油漆
		按设计图示尺寸以油漆部分展开面积计算		衣柜、壁柜油漆，梁柱饰面油漆，零星木装修油漆
油漆	金属面油漆	按设计图示尺寸以质量计算； 按设计展开面积计算	t 或 m^2	
	抹灰面油漆		m^2	
	抹灰线条油漆		m	
	满刮腻子		m^2	

续表 3.49

项目名称		计量单位		计算规则
刷喷涂料	墙面喷刷涂料、天棚喷刷涂料	按设计图示尺寸以质量计算； 按设计展开面积计算	m^2	喷刷墙面涂料部位要注明内墙或外墙
	线条刷涂料		m	
	金属构件刷防火涂料		t 或 m^2	
	木材构件喷刷防火涂料		m^2	
裱糊	墙纸裱糊、织锦缎裱糊		m^2	

本章考点统计

本章考点统计表

考点		年份				
		2023	2022	2021	2020	2019
土建工程	分部分项工程量计算	地下连续墙混凝土及钢筋	设备基础钢筋混凝土及钢筋	高位水池钢筋混凝土及钢筋	锚杆边坡支护工程	钢筋混凝土基础
	分部分项工程量清单综合单价分析表			√	√	
	投标报价（招标控制价）汇总表、单位工程费用汇总表	√	√	√	√	√
	分部分项工程和单价措施项目清单与计价表	√	√	√	√	√

注："√"表示本年涉及此考点。

本章考点点评

通过对近 5 年的考题统计，涉及的考点主要是包括四大块：分部分项工程量计算、分部分项工程量清单综合单价分析表、投标报价汇总表与单位工程费用汇总表、分部分项工程和单价措施项目清单与计价表。各年涉及的工程类型不同，但基本都是以工程背景资料为基础，计算分部分项工程量，编制分部分项工程量清单综合单价分析表、投标报价汇总表与单位工程费用汇总表、分部分项工程和单价措施项目清单与计价表。

本章难度较大，每年所列举的工程类别不同，因此，在掌握以上四大块知识点的基础上，更要重点掌握各类分部分项工程工程量的计算规则，要对《建设工程工程量清单计价规范》GB 50500—2013 进行较为全面而深入的学习。

第四章 工程招标投标

真题解析

一、2023 年考题（部分）

某国有资金投资依法必须招标的省级重点项目，采用工程量清单方式进行施工招标。在招标投标过程中发生如下事件：

事件 1：招标人认为招标项目技术复杂且自然环境条件恶劣，建议招标代理机构采用邀请招标方式进行招标，直接邀请多家综合实力强、施工经验丰富的大型总承包单位参加投标。

事件 2：投标截止日前 5 日，招标人对项目技术要求和工程量清单做了部分修改，开标时间不变。投标人甲提出异议，认为此修改影响投标文件的编制，应当顺延开标时间。

事件 3：由于外界因素影响，招标人决定延长投标有效期，投标人乙认为自己中标无望，拒绝延长投标有效期，并要求退还投标保证金。丙同意延长投标有效期但不同意延长投标保证金的有效期，并提出修改投标文件中的工期。其余投标人均同意招标人延长投标有效期的决定。

确定中标人后，业主与中标单位签订了施工合同。施工单位编制的某分部工程网络计划如图 4.1 所示。该分部工程由工作 A、B、C、D、E、F 组成，箭线上分括号外数字为正常工作时间直接费（万元），括号内数字为最短工作时间直接费（万元），箭线下方括号外数字为正常工作时间（天），括号内数字为最短工作持续时间（天）。正常工作时间间接费为 26.7 万元，间接费率为 0.3 万元 / 天。

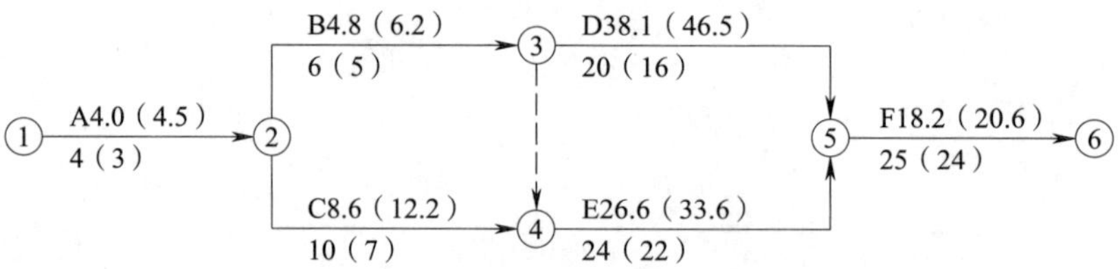

图 4.1　某分部工程网络计划图

【问题】

1. 事件 1 中，依据法律法规的相关规定，该项目是否可以直接采用邀请招标方式进行招标？并说明理由。

2. 事件2中，投标人甲提出异议是否合理？并说明理由。招标人应何时答复？应如何处理异议？

3. 事件3中，投标人乙和投标人丙的做法是否妥当？并分别说明理由。招标人是否应退还投标人乙、丙的投标保证金？二者的投标文件是否继续有效？

【答案】

问题1：

事件1中不可以采用邀请招标方式。

理由：根据《中华人民共和国招标投标法实施条例》的规定，国有资金占控股或者主导地位的依法必须进行招标的项目，应当公开招标，但有下列情形之一的，可以邀请招标：

（1）技术复杂、有特殊要求或者受自然环境限制，只有少量潜在投标人可供选择；

（2）采用公开招标方式的费用占项目合同金额的比例过大。

本题虽然技术复杂，自然环境恶劣，但是有多家大型总承包公司可以参与，不满足邀请招标条件。

问题2：

（1）事件2中，投标人甲提出的异议合理。

理由：根据《中华人民共和国招标投标法实施条例》的规定，招标人可以对已发出的招标文件进行必要的澄清或者修改。澄清或者修改的内容可能影响投标文件编制的，招标人应当在投标截止时间至少15日前，以书面形式通知所有获取招标文件的潜在投标人；不足15日的，招标人应当顺延提交投标文件的截止时间。

题目中为投标截止日前5日，远远小于15日，因此投标人甲提出的异议合理。

（2）招标人答复：招标人应当自收到异议之日起3日内做出答复；做出答复前，应当暂停招标投标活动。

（3）招标人处理异议：投标截止时间不足15日，招标人应当顺延提交投标文件的截止时间，顺延至少10天的时间，以书面形式通知所有获取招标文件的潜在投标人。

问题3：

（1）事件3中，投标人乙做法妥当。

理由：根据《工程建设项目施工招标投标办法》的规定，在原投标有效期结束前，出现特殊情况的，招标人可以书面形式要求所有投标人延长投标有效期。投标人拒绝延长的，其投标失效，但投标人有权收回其投标保证金。

（2）事件3中，投标人丙做法不妥当。

理由：根据《工程建设项目施工招标投标办法》的规定，在原投标有效期结束前，出现特殊情况的，招标人可以书面形式要求所有投标人延长投标有效期。投标人同意延长的，不得要求或被允许修改其投标文件的实质性内容，但应当相应延长其投标保证金的有效期。

（3）事件3中，招标人应退还投标人乙、投标人丙的投标保证金。

（4）事件3中，投标人乙、投标人丙的投标文件均无效。

二、2022 年考题（部分）

某国有资金投资新建教学楼工程，建设单位委托某招标代理机构对预算为 3 800 万元的建筑安装工程组织施工招标。A、B、C、D、E 共五家申请人通过了资格预审，其中 B 为联合体。

建设单位要求招标代理机构做好以下工作：

1. 被列为失信被执行人的投标人，直接否决其投标，不进行评标环节。

2. 为保证招标工作顺利进行，指导投标人做好投标文件。

3. 最高投标限价为 3 800 万元，为保证工程质量，规定投标人的投标报价不得低于最高投标限价的 75%，即不低于 3 800 × 75%=2 850（万元）。

4. 为保证投标人不少于 3 家，对开标前已提交投标文件而又要求撤回的投标人，其投标保证金不予退还。

该项目招标过程中发生如下事件：

事件 1：投标人 A 递交投标文件时，提交了某银行出具的投标保证金汇款支出证明。在开标时，招标人实时查证该笔汇款还未到达招标文件指定的收款账户。

事件 2：投标文件评审时发现，投标人 B 为增加竞争力，将资格预审时联合体成员中某二级资质的甲单位更换为另一特级资质的乙单位。

事件 3：评标过程中，评标委员会 7 位专家中有 3 位专家提出，招标文件要求详细核对投标文件中的相关数据，应延长评标时间。招标人认为其他 4 位专家并未提出评标时长不够，应该少数服从多数，不同意延长评标时间。

事件 4：评标委员会按综合得分由高到低的顺序向招标人推荐了三名中标候选人。由于排名第一的中标候选人放弃中标，招标人和排名第二的中标候选人进行谈判，因其报价高于排名第一的中标候选人，招标人要求按排名第一的中标候选人的报价签订合同。

【问题】

1. 指出建设单位向招标代理机构提出的各项要求是否妥当，并说明理由。

2. 分别指出事件 1 和事件 2 中评标委员会对投标人 A 和投标人 B 的投标应如何处理，并说明理由。

3. 分别指出事件 3 和事件 4 中招标人的做法是否妥当，并说明理由。

【答案】

问题 1：

（1）否决被列为失信被执行人的投标人投标妥当。

理由：失信被执行人是不能参与招标投标工作的。诚实信用是招标投标活动的基本原则之一。在招标投标活动中投标人的资质等级、财务状况、类似项目业绩、信誉、项目经理、其他要求、联合体投标人等均应符合资格评审规定。

（2）“指导投标人做好投标文件”不妥。

理由：招标代理机构不得在所代理的招标项目中投标或代理投标，也不得为所代理的招标项目的投标人提供咨询服务。

（3）规定投标人报价不得低于 2 850 万元不妥。

理由：招标人不得规定最低投标限价。

（4）对开标前要求撤回投标文件的投标人，没收投标保证金不妥。

理由：投标截止日前，投标人有权撤回其投标文件，招标人应退还其投标保证金。招标人已收取投标保证金的，应当自收到投标人书面撤回通知之日起 5 日内退还。

问题 2：

事件 1：应否决投标人 A 的投标。

理由：未按规定时间提交投标保证金的，应按否决其投标处理。

事件 2：应否决投标人 B 的投标。

理由：招标人接受联合体投标并进行资格预审的，联合体应当在提交资格预审申请文件前组成，资格预审后联合体增减、更换成员的，其投标无效。

问题 3：

事件 3：招标人做法不妥。

理由：招标人应当根据项目规模和技术复杂程度等因素合理确定评标时间，超过三分之一的评标委员会成员认为评标时间不够的，招标人应适当延长评标时间。

事件 4：招标人做法不妥。

理由：招标人和中标人不得再行订立背离合同实质性内容的其他协议。

三、2021 年考题（部分）

某国有资金投资项目，业主依据《标准施工招标文件》通过招标确定了施工总承包单位，双方签订了施工总承包合同，合同约定，管理费按人材机费的 10% 计取，利润按人材机费和管理费之和的 6% 计取，规费和增值税按人材机费、管理费和利润之和的 13% 计取，人工费单价为 150 元 / 工日，施工机械台班单价为 1 500 元 / 台班；新增分部分项工程的措施费按该分部分项工程费的 30% 计取（除特殊说明外，各费用计算均按不含增值税价格考虑）。

合同工期为 220 天，工期提前（延误）的奖励（惩罚）金额为 1 万元 / 日。合同签订后，总承包单位编制并被批准的施工进度计划如图 4.2 所示。

施工过程中发生如下事件：

事件 1：为改善项目使用功能，业主进行了设计变更，该变更增加了一项 Z 工作，根据施工工艺要求，Z 工作为 A 工作的紧后工作、G 工作的紧前工作，已知 Z 工作持续时间为 50 天，用人工 600 工日，施工机械 50 台班，材料费 16 万元。

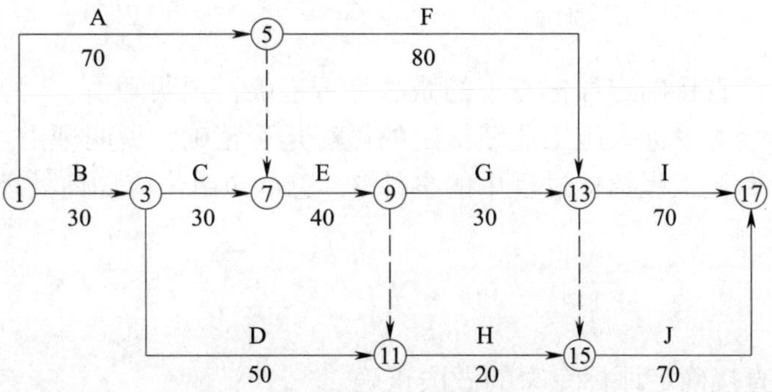

图 4.2　施工进度计划（单位：天）

事件 2：E 工作为隐蔽工程。E 工作施工前，总承包单位认为工期紧张，监理工程师到场验收会延误时间，即自行进行了隐蔽，监理工程师得知后，要求总承包单位对已经覆盖的隐蔽工程剥露重新验收。经检查验收，该隐蔽工程合格。总承包单位以该工程检查验收合格为由，提出剥露与修复隐蔽工程的人工费、材料费合计 1.5 万元和延长工期 5 天的索赔。

事件 3：为获取提前竣工奖励，总承包单位确定了五项可压缩工作持续时间的工作 F、G、H、I、J，并测算了相应增加的费用，见表 4.1。

表 4.1　可压缩的工作持续时间和相应的费用增加表

工作	持续时间 / 天	可压缩时间 / 天	压缩一天增加的费用 /（元 / 天）
F	80	20	2 000
G	30	10	5 000
H	20	10	1 500
I	70	10	6 000
J	70	20	8 000

已知施工总承包合同中的某分包专业工程暂估价为 1 000 万元，具有技术复杂、专业性强的工程特点，由总承包单位负责招标。招标过程中发生如下事件：

事件 1：鉴于采用随机抽取方式确定的评标专家难以保证胜任该分包专业工程评标工作，总承包单位便直接确定了评标专家。

事件 2：对投标人进行资格审查时，评标委员会认为，招标文件中规定投标人必须提供合同复印件作为施工业绩认定的证明材料，不足以反映工程合同履行的实际情况，还应提供工程竣工验收单。所以对投标文件中，提供了施工业绩的合同复印件和工程竣工验收单的投标人通过资格审查，对施工业绩仅提供了合同复印件的投标人做出不予通过资格审查的处理决定。

事件 3：评标结束后，总承包单位征得业主同意，在拟向排第一序位的中标候选人发出中标通知书前，了解到该中标候选人的经营状况恶化，且被列入了失信被执行人。

【问题】

1. 总承包单位直接确定评标专家的做法是否正确？说明理由。
2. 评标委员会对投标人施工业绩认定的做法是否正确？说明理由。
3. 针对分包专业工程招标过程中的事件 3，总承包单位应如何处理？

【答案】

问题 1：

总承包单位直接确定评标专家的做法正确。

理由：评标专家可以采取随机抽取或者直接确定的方式。一般项目，可以采取随机抽取的方式；技术特别复杂、专业性要求特别高或者国家有特殊要求的招标项目，采取随机抽取方式确定的专家难以胜任的，可以由招标人直接确定。

问题 2：

评标委员会对施工业绩认定的做法错误。

理由：评标委员会应根据招标文件规定的评标标准和方法，对投标文件进行系统的评审和比较。招标文件没有规定的标准和方法不得作为评标的依据。

问题 3：

总承包单位可以重新招标或选择中标候选人名单排名第二的中标候选人为中标人。国有资金占控股或者主导地位的依法必须进行招标的项目，招标人应当确定排名第一的中标候选人为中标人。当排名第一的中标候选人的经营、财务状况发生较大变化或者存在违法行为等情形，不符合中标条件的，招标人可以按照评标委员会提出的中标候选人名单排序依次确定其他中标候选人为中标人，也可以重新招标。

四、2020 年考题（部分）

某国有资金投资的施工项目，采用工程量清单公开招标，并按规定编制了最高投标限价。同时该项目采用单价合同，工期为 180 天。

招标人在编制招标文件时，使用了九部委联合发布的《标准施工招标文件》，并对招标人认为某些不适用于本项目的通用条款进行了删减。招标文件中对竣工结算的规定是：工程量按实结算，但竣工结算价款总额不得超过最高投标限价。共有 A、B、C、D、E、F、G、H 等八家投标人参加了投标。

投标人 D 对某项用量大的主材进行了市场询价，并按其含税供应价格加运费作为材料单价用于相应清单项目的组价计算。

投标人 F 在进行报价分析时，降低了部分单价措施项目的综合单价和总价措施项目中的二次搬运费率，提高了夜间施工费率，统一下调了招标清单中材料暂估单价 8% 计入工程量清单综合单价报价中，工期为 6 个月。

中标候选人公示期间，招标人接到投标人 H 提出的异议：第一中标候选人的项目经理业绩为在建工程，不符合招标文件要求的“已竣工验收”的工程业绩的要求。

【问题】

1. 编制招标文件时，招标人的做法是否符合相关规定？招标文件中对竣工结算的规定是否妥当？并分别说明理由。

2. 投标人 D、投标人 F 的做法是否有不妥之处？并分别说明理由。

3. 针对投标人 H 提出的异议，招标人应在何时答复？应如何处理？若第一中标候选人不再符合中标条件，招标人应如何确定中标人？

【答案】

问题 1：

（1）招标人的做法不符合相关规定。

理由：对于不适用于本项目的某些通用条款，招标人应在专用条款中另行约定。

（2）招标文件中对竣工结算的规定不妥。

理由：该项目采用工程量清单公开招标，并且采用单价合同，招标人应对招标工程量清单的准确性和完整性负责，竣工结算时应按经发包人确认的实际工程量和施工过程中发生的合同价款调整额确认竣工结算价款总额。

问题 2：

（1）投标人 D 做法有不妥之处。

理由：清单项目组价计算时应当为不含税材料单价，材料单价 = 不含税供应价格 + 不含税运杂费 + 场外运输损耗 + 采购保管费。

（2）投标人 F 下调材料暂估价及报价工期 6 个月不妥。

理由：投标人应当按照招标清单中材料暂估单价计入相应分部分项工程项目的综合单价中，否则将导致废标（标书无效）。工期 6 个月超过了招标工期 180 天，属于重大偏差，同样会导致废标（标书无效）。

问题 3：

针对投标人 H 提出的异议，招标人应在收到异议之日起 3 日内答复，做出答复前应当暂停招标投标活动。

经查实，第一中标候选人的项目经理业绩不符合要求的，应认定原第一中标候选人标书无效。招标人可以确定接受排名第二的中标候选人为中标人，也可以依法重新组织招标后确定中标人。

五、2019 年考题（部分）

某工程，业主采用公开招标方式选择施工单位，委托具有造价咨询资质的机构编制了该项目的招标文件和最高投标限价（最高投标限价为 600 万元，其中暂列金额为 50 万元），按照招标文件规定，评标采用经评审的最低报价法，A、B、C、D、E、F、G 共 7 家企业通过了资格预审（其中 D 企业为 D、D1 企业组成的联合体），且均在投标截止日前提交了投标文件。

在该工程项目开标、评标、合同签订与执行过程中发生了如下事件：

事件 1：B 企业的投标报价为 560 万元，其中暂列金额为 60 万元；

事件 2：C 企业的投标报价为 550 万元，招标工程量清单中的“照明开关”项目未填报单价和合价；

事件 3：D 企业的投标报价为 530 万元，为增加竞争实力，投标时联合体变更为 D、D1、D2 企业组成；

事件 4：评标委员会按招标文件评标办法对各投标企业的投标文件进行了价格评审，A 企业经评审的投标价最低，最终被推荐为中标单位。合同签订前，业主与 A 企业进行了合同谈判，要求在合同中增加一项原招标文件中未包括的零星工程，合同额相应增加 15 万元；

事件 5：A 企业与业主签订合同后，又在外地中了某大型工程项目，遂选择将本项目全部工作转让给了 B 企业，B 企业又将其中三分之一的工程量分包给了 C 企业。

【问题】

1. 根据现行《中华人民共和国招标投标法》（以下简称《招标投标法》）《中华人民共和国招标投标法实施条例》（以下简称《招标投标法实施条例》）和《建设工程工程量清单计价规范》GB 50500—2013，逐一分析事件1～3中各企业的投标文件是否有效，并分别说明理由。

2. 针对事件4，业主的做法是否妥当？如果与A企业签订施工合同，合同价应为多少？请分别判断，并说明理由。

3. 针对事件5，分析A和B企业做法是否妥当，并分别说明理由。

【答案】

问题1：

（1）事件1：B企业投标文件无效。

理由：B企业投标报价中暂列金额为60万元，没有按照招标文件中的50万元报价，B企业未响应招标文件的实质性要求，不符合《建设工程工程量清单计价规范》GB 50500—2013的要求。

（2）事件2：C企业投标文件有效。

理由：C企业的投标报价低于最高投标限价，未在“照明开关”中填写单价和合价，视为此项费用已包含在其他项目综合单价中。

（3）事件3：D企业投标文件无效。

理由：招标人应当在资格预审公告、招标公告或者投标邀请书中载明是否接受联合体投标。招标人接受联合体投标并进行资格预审的，联合体应当在提交资格预审申请文件前组成。资格预审后联合体增减、更换成员的，其投标无效。

问题2：

（1）事件4中业主的做法不妥。

理由：业主应当与A企业依据中标人的投标文件和招标文件签订合同，合同的标的、价款、质量、履行期限等主要条款应当与招标文件和中标人的投标文件的内容一致。招标人和中标人不得再订立背离合同实质性内容的其他协议。

（2）如果与A企业签订合同，合同价为500万元。

理由：“合同签订前，业主与A企业进行了合同谈判，要求在合同中增加一项原招标文件中未包括的零星工程”不能作为合同价的内容，零星工程可以在施工过程中以现场签证的形式计取。

问题3：

A企业做法不妥。

理由：A企业行为是将承揽的工程转包，属于违法转包。

B企业做法不妥。

理由：B企业又将其中三分之一的工程量分包给C企业，属于违法分包。

知识点凝练

知识点一：建设项目招标投标工作相关知识

表 4.2　建设项目招标投标工作相关知识

<table>
<tr><th rowspan="2">阶段</th><th rowspan="2">主要工作步骤</th><th colspan="2">工作内容</th></tr>
<tr><th>招标人</th><th>投标人</th></tr>
<tr><td rowspan="6">招标准备</td><td>申请审批、核准招标</td><td>将招标范围、招标方式、招标组织形式报项目审批、核准部门审批、核准</td><td rowspan="6">组成投标小组进行市场调查，准备投标资料研究投标策略</td></tr>
<tr><td>组建招标组织</td><td>自行建立招标组织或委托招标代理</td></tr>
<tr><td>策划招标方案</td><td>划分施工招标标段、确定合同类型</td></tr>
<tr><td>招标公告或投标邀请书</td><td>发布招标公告（资格预审公告）或投标邀请书</td></tr>
<tr><td>编制标底招标控制价</td><td>编制标底或确定招标控制价格</td></tr>
<tr><td>准备招标文件</td><td>编制资格预审文件和招标文件</td></tr>
<tr><td rowspan="5">资格审查与投标</td><td>发售资格预审文件</td><td>发售资格预审文件</td><td>购买、填报资格预审文件</td></tr>
<tr><td>进行资格预审</td><td>分析评价资格预审材料，确定资格审查合格者通知资格预审结果</td><td>回函收到资格预审结果</td></tr>
<tr><td>发售招标文件</td><td>发售招标文件</td><td>购买招标文件</td></tr>
<tr><td>现场踏勘、标前会议</td><td>组织现场踏勘和标前会议，进行招标文件的澄清和补遗</td><td>参加现场踏勘和标前会议</td></tr>
<tr><td>投标文件编制、递交和接收</td><td>接收投标文件</td><td>编制、递交投标文件</td></tr>
<tr><td rowspan="3">开标评标与授标</td><td>开标</td><td>组织开标会议</td><td>参加开标会议</td></tr>
<tr><td>评标</td><td>投标文件初审、要求投标人递交澄清资料（必要时）、接收评标报告</td><td>递交澄清资料（必要时）</td></tr>
<tr><td>定标</td><td>确定中标人、发中标通知书、合同谈判、签订</td><td>合同谈判、递交履约保函、签订合同</td></tr>
</table>

知识点二：招标阶段工作相关规定

1. 建设工程施工招标方式。

表 4.3 建设工程施工招标方式

方式	概念	优点	缺点
公开招标	也称无限竞争性招标，是指招标人以招标公告的方式邀请不特定的法人或者其他组织投标。招标人采用公开招标方式的，应当发布招标公告。依法必须进行招标的项目的招标公告，应当通过国家指定的报刊、信息网络或者其他媒介发布	招标人可以在较广的范围内选择承包商，投标竞争激烈，择优率更高，有利于招标人将工程项目交予可靠的承包商实施，并获得有竞争性的商业报价，同时，也可在较大程度上避免招标过程中的贿标行为	准备招标、对投标申请者进行资格预审和评标的工作量大，招标时间长、费用高。同时，参加竞争的投标者越多，中标的机会就越小；投标风险越大，损失的费用也就越多，而这种费用的损失必然会反映在标价中，最终会由招标人承担，故这种方式在一些国家较少采用
邀请招标	也称有限竞争性招标，是指招标人以投标邀请书的方式邀请特定的法人或者其他组织投标。招标人采用邀请招标方式的，应当向3个以上具备承担招标项目能力、资信良好的特定的法人或者其他组织发出投标邀请书	邀请招标方式的优点是不发布招标公告，不进行资格预审，简化了招标程序，因而节约了招标费用、缩短了招标时间。而且由于招标人比较了解投标人以往的业绩和履约能力，从而减少了合同履行过程中承包商违约的风险	由于投标竞争的激烈程度较低，有可能会提高中标合同价，也有可能排除某些在技术上或报价上有竞争力的承包商参与投标

2. 招标范围及规模标准与招标方式的选择。

表 4.4 招标范围及规模标准与招标方式的选择

招标范围及规模标准	1.《招标投标法》规定，凡在中华人民共和国境内进行下列工程建设项目，包括项目的勘察、设计、施工、监理以及与工程建设有关的重要设备、材料等的采购，必须进行招标： （1）大型基础设施、公用事业等关系社会公共利益、公众安全的项目； （2）全部或者部分使用国有资金投资或国家融资的项目； （3）使用国际组织或者外国政府贷款、援助资金的项目。 2.《必须招标的工程项目规定》（国家发展改革委 2018 年第 16 号令，以下简称“16 号令”）规定： 全部或者部分使用国有资金投资或者国家融资的项目包括：①使用预算资金 200 万元人民币以上，并且该资金占投资额 10% 以上的项目；②使用国有企业事业单位资金，并且该资金占控股或者主导地位的项目。 使用国际组织或者外国政府贷款、援助资金的项目包括：①使用世界银行、亚洲开发银行等国际组织贷款、援助资金的项目；②使用外国政府及其机构贷款、援助资金的项目。

续表 4.4

招标范围及规模标准	上述所规定范围内的项目，其勘察、设计、施工、监理以及与工程建设有关的重要设备、材料等的采购达到下列标准之一的，必须招标：①施工单项合同估算价在400万元人民币以上；②材料、设备、构配件单项合同估算价在200万元人民币以上；③勘察、设计、监理、咨询等单项合同估算价在100万元人民币以上。 同一项目中可以合并进行的勘察、设计、施工、监理以及与工程建设有关的重要设备、材料等的采购，合同估算价合计达到前款规定标准的，必须招标。 3.《国家发展改革委办公厅关于进一步做好〈必须招标的工程项目规定〉和〈必须招标的基础设施和公用事业项目范围规定〉实施工作的通知》（发改办法规〔2020〕770号）、16号令第二条至第四条及《必须招标的基础设施和公用事业项目范围规定》（发改法规规〔2018〕843号）第二条规定范围的项目，其施工、货物、服务采购的单项合同估算价未达到16号令第五条规定规模标准的，该单项采购由采购人依法自主选择采购方式，任何单位和个人不得违法干涉；其中涉及政府采购的，按照政府采购法律法规规定执行。 4.《中华人民共和国政府采购法实施条例》规定： 使用财政性资金采购的采购项目，适用《中华人民共和国政府采购法》（以下简称《政府采购法》）及《中华人民共和国政府采购法实施条例》（以下简称《政府采购法实施条例》）。 政府采购工程依法不进行招标的，应当依照《政府采购法》和《政府采购法实施条例》规定的竞争性谈判或者单一来源采购方式采购
招标方式的选择	《招标投标法实施条例》规定，国有资金占控股地位或者主导地位的依法必须进行招标的项目，应当公开招标；但有下列情形之一的，可以邀请招标： 1. 技术复杂、有特殊要求或者受自然环境限制，只有少量潜在投标人可供选择； 2. 采用公开招标方式的费用占项目合同金额的比例过大。 《工程建设项目施工招标投标办法》进一步规定，对于必须招标的项目，有下列情形之一的，经批准可以进行邀请招标： 1. 项目技术复杂或有特殊要求，或者受自然地域环境限制，只有少量潜在投标人可供选择； 2. 涉及国家安全、国家秘密或抢险救灾，适宜招标但不宜公开招标的； 3. 采用公开招标方式的费用占项目合同金额的比例过大
可以不招标项目	1. 要采用不可替代的专利或者专有技术； 2. 采购依法能够自行建设、生产或者提供； 3. 通过招标方式选定的特许经营项目投资人依法能够自行建设、生产或者提供； 4. 要向原中标人采购工程、货物或者服务，否则将影响施工或者功能配套要求； 5. 国家规定的其他特殊情形
两阶段招标	对技术复杂或者无法精确拟定技术规格的项目，招标人可以分两阶段进行招标。 第一阶段，投标人按照招标公告或者投标邀请书的要求提交不带报价的技术建议，招标人根据投标人提交的技术建议确定技术标准和要求编制招标文件。 第二阶段，招标人向在第一阶段提交技术建议的投标人提供招标文件，投标人按照招标文件的要求提交包括最终技术方案和投标报价的投标文件。如招标人要求投标人提交投标保证金，应当在第二阶段提出

续表 4.4

总承包招标	招标人可以依法对工程以及与工程建设有关的货物、服务全部或者部分实行总承包招标。以暂估价（指总承包招标时不能确定价格而由招标人在招标文件中暂时估定的工程、货物、服务的金额）形式包括在总承包范围内的工程、货物、服务属于依法必须进行招标的项目

3. 建设工程施工招标投标相关法规内容。

表 4.5 建设工程施工招标投标相关法规内容

审批、核准	按照国家有关规定需要履行项目审批、核准手续的依法必须进行招标的项目，其招标范围、招标方式、招标组织形式应当报项目审批、核准部门审批、核准。如公开招标，招标公告资格预审公告应当在国务院发展改革部门依法指定的媒介发布
招标文件 资格 （预审文件）	招标文件应当包括招标项目的技术要求、对投标人资格审查的标准、投标报价要求和评标标准等所有实质性要求和条件以及拟签订合同的主要条款。招标文件不得要求或者标明特定的生产供应者以及含有倾向或者排斥潜在投标人的其他内容。招标人不得向他人透露已获取招标文件的潜在投标人的名称、数量及可能影响公平竞争的有关招标投标的其他情况。 时间规定：依法必须进行招标的项目，自招标文件开始发出之日起至投标人提交投标文件截止之日止，最短不得少于 20 日。资格预审文件或者招标文件的发售期不得少于 5 日。招标人可以对已发出的资格预审文件或者招标文件进行必要的澄清或者修改。如澄清或者修改的内容可能影响资格预审申请文件或者投标文件编制，招标人应当在提交资格预审申请文件截止时间至少 3 日前，或者投标截止时间至少 15 日前，以书面形式通知所有获取资格预审文件或者招标文件的潜在投标人；不足 3 日或者 15 日的，招标人应当顺延提交资格预审申请文件或者投标文件的截止时间。 如潜在投标人或者其他利害关系人对资格预审文件有异议，应当在提交资格预审申请文件截止时间 2 日前提出；如对招标文件有异议，应当在投标截止时间 10 日前提出。招标人应当自收到异议之日起 3 日内做出答复；做出答复前，应当暂停招标投标活动
招标标底	建设项目招标可以分为有标底招标和无标底招标。 标底可自行编制或委托相关机构编制，一个工程只能编制一个标底。 标底在开标前应严格保密
最高 投标限价	国有资金为投资主体的项目，招标人应编制最高投标限价，并在招标文件中公布。当招标人编制的最高投标限价超过批准的概算时应报原概算审批部门进行审核。最高投标限价是招标人在工程招标时能接受投标人报价的最高限价，规定了国有资金投资的工程投标人投标高于最高投标限价时，其投标将被拒绝。招标人应在招标文件中如实公布最高投标限价，并报工程造价管理机构备查。投标人对招标人不按规定编制最高投标限价可以向监管机构投诉。工程造价咨询人不得同时接受招标人和投标人对同一工程最高投标限价与投标报价的编制使用的计价标准，计价政策应是国家或省级、行业建设主管部门的计价定额和相关政策规定。 招标人不得规定最低投标限价

4. 资格审查内容。

表 4.6 资格审查

资格预审	指在投标前对潜在投标人进行的资格审查，资格预审应当按照资格预审文件载明的标准和方法进行。国有资金占控股或者主导地位的依法必须进行招标的项目，招标人应当组建资格审查委员会审查资格预审申请文件。 资格预审结束后，招标人应当及时向资格预审申请人发出资格预审结果通知书。未通过资格预审的申请人不具有投标资格。通过资格预审的申请人少于 3 个的，应当重新招标
资格后审	如招标人采用资格后审办法对投标人进行资格审查，应当在开标后由评标委员会按照招标文件规定的标准和方法对投标人的资格进行审查
内容	1. 具有独立订立合同的权利； 2. 具有履行合同的能力，包括专业、技术资格和能力，资金、设备和其他物质设施状况，管理能力，经验、信誉和相应的从业人员； 3. 没有处于被责令停业，投标资格被取消，财产被接管、冻结，破产状态； 4. 在最近三年内没有骗取中标和严重违约及重大工程质量问题； 5. 法律、行政法规规定的其他资格条件
不得以不合理条件限制、排斥潜在投标人或者投标人	资格审查时，招标人不得以不合理的条件限制、排斥潜在投标人或者投标人，不得对潜在投标人或者投标人实行歧视待遇。任何单位和个人不得以行政手段或者其他不合理方式限制投标人的数量。招标人有下列行为之一的，属于以不合理条件限制、排斥潜在投标人或者投标人： 1. 就同一招标项目向潜在投标人或者投标人提供有差别的项目信息； 2. 设定的资格、技术、商务条件与招标项目的具体特点和实际需要不相适应或者与合同履行无关； 3. 依法必须进行招标的项目以特定行政区域或者特定行业的业绩、奖项作为加分条件或者中标条件； 4. 对潜在投标人或者投标人采取不同的资格审查或者评标标准； 5. 限定或者指定特定的专利、商标、品牌、原产地或者供应商； 6. 依法必须进行招标的项目非法限定潜在投标人或者投标人的所有制形式或者组织形式； 7. 其他不合理条件限制、排斥潜在投标人或者投标人
审查办法	1. 合格制审查办法。投标申请人凡符合初步审查标准和详细审查标准的，均可通过资格预审。无论是初步审查还是详细审查，其中有一项因素不符合审查标准的，均不能通过资格预审。 2. 有限数量制审查办法。审查委员会依据规定的审查标准和程序，对通过初步审查和详细审查的资格预审申请文件进行量化打分，按得分由高到低的顺序确定通过资格预审的申请人
清标	清标是指在评标委员会评标之前，由专业机构或专业人士对投标文件是否实质上响应了招标文件的要求进行审查，对投标文件的投标报价进行校核，对投标文件是否存在的漏项、不平衡报价进行评审，并形成书面的清标情况报告，以供评标委员会科学评标参考。清标工作应当客观、准确、力求全面，不得营私舞弊、歪曲事实

5. 现场踏勘与投标预备会内容。

表 4.7 现场踏勘与投标预备会

现场踏勘	法律规定：招标人不得组织单个或者部分潜在投标人踏勘项目现场。 招标人按招标文件中规定的时间、地点组织投标人踏勘项目现场。 现场勘察一般安排在投标预备会前，投标人在现场勘察中如有疑问问题，应在投标预备会上以书面形式向招标人提出，但应给招标人留有解答时间。 招标人按招标文件中规定的时间、地点组织投标人踏勘项目现场；投标人踏勘现场发生的费用自理；除招标人的原因外，投标人自行负责在踏勘现场中所发生的人员伤亡和财产损失；招标人在踏勘现场中介绍的工程场地和相关的周边环境情况，供投标人在编制投标文件时参考，招标人不对投标人据此做出的判断和决策负责
投标预备会	1. 投标预备会的目的在于澄清招标文件中的疑问，解答投标人对招标文件和现场勘察中提出的疑问问题。 2. 投标预备会由招标人组织并主持召开，在预备会上对招标文件和现场情况做介绍或解释，并解答投标人提出的问题，包括书面提出的和口头提出的询问。 3. 在投标预备会上还应对图纸进行交底和解释。 4. 投标预备会结束后，由招标人整理会议记录和解答内容，报招标管理机构核准同意后，尽快以书面形式将问题及解答同时发送到所有获得招标文件的投标人。 5. 所有参加投标预备会的投标人应签到登记，以证明出席投标预备会。注意这时招标人不得泄露潜在投标人数量及名称等有关信息。 6. 不论是招标人以书面形式向投标人发放的任何资料文件，还是投标人以书面形式提出的问题，均应采用书面形式并应按照招标文件的规定向对方确认收到

6. 投标文件、投标有效期和投标保证金规定。

表 4.8 投标文件、投标有效期和投标保证金

投标文件	内容包括投标函及投标函附录，法定代表人身份证明或附有法定代表人身份证明的授权委托书（原件），联合体协议书，投标保证金，已标价工程量清单，施工组织设计，项目管理机构，拟分包项目情况表，资格审查资料，投标人须知前附表规定的其他资料相关规定。投标文件应尽量避免涂改、行间插字或删除。如果出现上述情况，改动之处应加盖单位章或由投标人的法定代表人或其授权的代理人签字确认。逾期送达或未送达指定地点的投标文件，招标人不予受理。投标截止期前，允许投标人对已递交的投标文件修改、撤回，但应以书面形式通知招标人，修改的内容为投标文件的组成部分。投标截止期后投标人对投标文件内容进行的修改无效
投标报价	投标报价由投标人自主确定，但不得低于成本，不得高于最高投标限价。投标人应当在招标文件规定的提交投标文件的截止时间前，将投标文件密封送达投标地点。招标人收到投标文件后，应当向投标人出具标明签收人和签收时间的凭证，在开标前任何单位和个人不得开启投标文件。在招标文件要求提交投标文件的截止时间后送达或未送达指定地点的投标文件，为无效的投标文件，招标人不予受理

续表 4.8

投标保证金	投标保证金除现金外，可以是银行出具的银行保函、保兑支票、银行汇票或现金支票。投标保证金一般不得超过招标项目估算价的 2%。投标保证金有效期应当与投标有效期一致。投标人不按招标文件要求提交投标保证金的，该投标文件将被拒绝。依法必须进行招标的项目的境内投标单位，以现金或者支票形式提交的投标保证金应当从其基本账户转出。招标人不得挪用投标保证金
投标有效期	法律规定从投标截止时间开始计算，一般为 60 天到 90 天，具体由招标文件确定。 出现特殊情况需要延长投标有效期的，招标人以书面形式通知所有投标人延长投标有效期。投标人同意延长的，应相应延长其投标保证金的有效期，但不得要求或被允许修改或撤销其投标文件；投标人拒绝延长的，其投标失效，但投标人有权收回其投标保证金。 在投标文件的截止时间前，投标人可以补充、修改、替代或者撤回已提交的投标文件，并书面通知招标人。补充、修改的内容为投标文件的组成部分。在提交投标文件截止时间后到招标文件规定的投标有效期终止之前，投标人不得补充、修改、替代或者撤回其投标文件。投标人补充、修改、替代投标文件的，招标人不予接受；投标人撤回投标文件的，其投标保证金将被没收
联合体投标	1. 招标人应当在资格预审公告、招标公告或者投标邀请书中载明是否接受联合体投标。招标人接受联合体投标并进行资格预审的，联合体应当在提交资格预审申请文件前组成。资格预审后联合体增减、更换成员的，其投标无效。联合体各方在同一招标项目中以自己名义单独投标或者参加其他联合体投标的，相关投标均无效。由同一专业的单位组成的联合体，按照资质等级较低的单位确定资质等级。 2. 联合体各方应签订共同投标协议，明确约定各方拟承担的工作和责任。 3. 联合体中标的，联合体各方应当共同与招标人签订合同，就中标项目向招标人承担连带责任
属于投标人相互串通投标	有下列情形之一的，属于投标人相互串通投标： 1. 投标人之间协商投标报价等投标文件的实质性内容； 2. 投标人之间约定中标人； 3. 投标人之间约定部分投标人放弃投标或者中标； 4. 属于同一集团、协会、商会等组织成员的投标人按照该组织要求协同投标； 5. 投标人之间为谋取中标或者排斥特定投标人而采取的其他联合行动
视为投标人相互串通投标	有下列情形之一的，视为投标人相互串通投标： 1. 不同投标人的投标文件由同一单位或者个人编制； 2. 不同投标人委托同一单位或者个人办理投标事宜； 3. 不同投标人的投标文件载明的项目管理成员为同一人； 4. 不同投标人的投标文件异常一致或者投标报价呈规律性差异； 5. 不同投标人的投标文件相互混装； 6. 不同投标人的投标保证金从同一单位或者个人的账户转出

续表 4.8

招标人与投标人串通投标	有下列情形之一的，属于招标人与投标人串通投标： 1. 招标人在开标前开启投标文件并将有关信息泄露给其他投标人； 2. 招标人直接或者间接向投标人泄露标底、评标委员会成员等信息； 3. 招标人明示或者暗示投标人压低或者抬高投标报价； 4. 招标人授意投标人撤换、修改投标文件； 5. 招标人明示或者暗示投标人为特定投标人中标提供方便； 6. 招标人与投标人为谋求特定投标人中标而采取的其他串通行为

7. 开标相关规定。

表 4.9　开标

开标相关规定	1. 开标应当在招标文件确定的提交投标文件截止时间的同一时间公开进行。 2. 开标地点应当为招标文件中确定的地点。 3. 开标由招标人主持，邀请所有投标人参加。 4. 设有标底的，公布标底。 5. 招标人应当按照招标文件规定的时间、地点开标。 6. 投标人少于 3 个的，不得开标；招标人应当重新招标。投标人对开标有异议的，应当在开标现场提出，招标人应当当场做出答复，并制作记录

8. 清单招标相关规定。

表 4.10　清单招标

分部分项工程综合单价确定	1. 确定依据。确定分部分项工程量清单项目综合单价的最重要依据之一是该清单项目的特征描述，投标人投标报价时应依据招标文件中分部分项工程量清单项目的特征描述确定清单项目的综合单价。在招标投标过程中，当出现招标文件中分部分项工程量清单特征描述与设计图纸不符时，投标人应以分部分项工程量清单的项目特征描述为准，确定投标报价的综合单价。当施工中施工图纸或设计变更与工程量清单项目特征描述不一致时，发承包双方应按实际施工的项目特征，依据合同约定重新确定综合单价。 2. 材料暂估价。招标文件中提供了暂估单价的材料，按暂估的单价进入综合单价。 3. 风险费用。招标文件中要求投标人承担的风险费用，投标人应考虑进入综合单价。 在施工过程中，当出现的风险内容及其范围（幅度）在招标文件规定的范围（幅度）内时，综合单价不得变动，工程价款不做调整
措施项目费计算	1. 措施项目的内容应依据招标人提供的措施项目清单和投标人投标时拟订的施工组织设计或施工方案。 2. 措施项目费的计价方式应根据招标文件的规定，可以计算工程费的措施清单项目采用综合单价方式报价，其余的措施清单项目采用以“项”为计量单位的方式报价。 3. 措施项目费由投标人自主确定，但其中安全文明施工费应按国家或省级、行业建设主管部门的规定确定

续表 4.10

其他项目费计算	1. 暂列金额应按照其他项目清单中列出的金额填写，不得变动。 2. 暂估价不得变动和更改。暂估价中的材料必须按照暂估单价计入综合单价，专业工程暂估价必须按照其他项目清单中列出的金额填写。 3. 计日工应按照其他项目清单列出的项目和估算的数量，自主确定各项综合单价并计算费用。 4. 总承包服务费应依据招标人在招标文件中列出的分包专业工程内容和供应材料、设备情况，按照招标人提出的协调、配合与服务要求和施工现场管理需要自主确定
其他	规费、税金报价按照国家、省级行业主管部门规定计算。各组成部分金额合计应与投标报价总价一致
报价	投标报价 = 分部分项工程量清单报价总和 + 措施项目报价总和 + 其他项目报价总和 + 规费 + 税金 注意：报价优惠要体现在组成报价的项目中，而不能只在总报价中下浮
最高投标限价的编制与计算	最高投标限价计算要求： 1. 分部分项工程费计价依据招标文件中的工程量清单工程量，其单价应包括人工费、材料费、施工机械使用费、企业管理费、利润以及一定范围内的风险费用（招标文件提供了暂估单价的材料，应按暂估的单价计入综合单价）。 2. 措施项目清单计价应根据拟建工程为完成工程项目施工发生于该工程施工准备和施工过程中的非工程实体项目的相关费用，可以计算工程量的应采用综合单价计价；其余的措施项目可以“项”为单位方式计价，应包括除规费、税金外的全部费用，其中的安全文明施工费应按国家或省级、行业建设主管部门的规定计价，不得作为竞争性费用。 3. 其他项目费中的暂列金额一般可按分部分项工程费的 10% ~ 15% 作为参考。 材料暂估单价应按工程造价管理机构发布的工程造价信息中的材料单价计算，未发布材料单价的材料，其价格应按市场调查确定的单价计算。专业工程暂估价应区分不同的专业估算。 计日工包括：计日工人工、材料和施工机械费用。 总承包服务费计算时，若招标人仅要求对分包的专业工程进行总承包管理和协调时，按分包的专业工程估算造价的 1.5% 计算；若除总承包管理、协调外，同时要求提供配合服务时，按分包的专业工程估算造价的 3% ~ 5% 计算。招标人自行供应材料的，按招标人供应材料价值的 1% 计算。 4. 规费和税金按国家或省级、行业建设主管部门规定的标准计算

9. 评标。

表 4.11 评标

评标方法	分类	评标方法主要包括经评审的最低投标价法和综合评估法。评标方法应结合项目的特点、目标要求等条件确定。评标委员会成员应当按照招标文件规定的评标方法评审。招标文件没有规定的评标标准和方法不得作为评标的依据

续表 4.11

<table>
<tr><td rowspan="2">评标方法</td><td>经评审的最低投标价法</td><td>经评审的最低投标价法是指评标委员会对满足招标文件实质要求的投标文件，根据详细评审标准规定的量化因素及量化标准进行价格折算，按照经评审的投标价由低到高的顺序推荐中标候选人，或根据招标人授权直接确定中标人，但投标报价低于其成本的除外。经评审的投标价相等时，投标报价低的优先；投标报价也相等的，由招标人自行确定。
经评审的最低投标价法一般适用于具有通用技术、性能标准或者招标人对其技术、性能没有特殊要求的招标项目。这种评标方法应当是一般项目的首选评标方法。
采用经评审的最低投标价法的，评标委员会应当根据招标文件中规定的评标价格调整方法，对所有投标人的投标报价以及投标文件的商务部分做必要的价格调整。
中标人的投标应当符合招标文件规定的技术要求和标准，但评标委员会无须对投标文件的技术部分进行价格折算。
根据经评审的最低投标价法完成详细评审后，评标委员会应当拟订一份“价格比较一览表”，连同书面评标报告提交招标人。“价格比较一览表”应当载明投标人的投标报价、对商务偏差的价格调整和说明以及已评审的最终投标价</td></tr>
<tr><td>综合评估法</td><td>不宜采用经评审的最低投标价法的招标项目，一般应当采取综合评估法进行评审。综合评估法是指评标委员会对满足招标文件实质性要求的投标文件，按照规定的评分标准进行打分，并按得分由高到低的顺序推荐中标候选人，或根据招标人授权直接确定中标人，但投标报价低于其成本的除外。综合评分相等时，以投标报价低的优先；投标报价也相等的，由招标人自行确定。
评标委员会对各个评审因素进行量化时，应当将量化指标建立在同一基础或者同一标准上，使各投标文件具有可比性。对技术部分和商务部分进行量化后，评标委员会应当对这两部分的量化结果进行加权，计算出每一投标的综合评估价或者综合评估分。根据综合评估法完成评标后，评标委员会应当拟订一份“综合评估比较表”，连同书面评标报告提交招标人</td></tr>
<tr><td>评标要求</td><td>评标委员会的组建</td><td>评标委员会由招标人负责组建，负责评标活动，向招标人推荐中标候选人或者根据招标人的授权直接确定中标人。成员名单应于开标前确定，并在中标结果确定前保密。
评标委员会由招标人或其委托的招标代理机构熟悉相关业务的代表，以及有关技术、经济等方面的专家组成，成员人数为 5 人以上的单数，其中技术、经济等方面的专家不得少于成员总数的 2/3。评标委员会设负责人的，负责人由评标委员会成员推举产生或者由招标人确定，评标委员会负责人与评标委员会的其他成员有同等的表决权。
依法必须进行招标的项目，其评标委员会的专家成员应当从评标专家库内相关专业的专家名单中以随机抽取方式确定。任何单位和个人不得以明示、暗示等任何方式指定或者变相指定参加评标委员会的专家成员。依法必须进行招标的项目的招标人非因《招标投标法》和《招标投标法实施条例》规定的事由，不得更换依法确定的评标委员会成员。对技术复杂、专业性强或者国家有特殊要求，采取随机抽取方式确定的专家难以保证胜任评标工作的招标项目，可以由招标人直接确定技术、经济等方面的评标专家。
行政监督部门的工作人员不得担任本部门负责监督项目的评标委员会成员。评标委员会成员与投标人有利害关系的，应当主动回避</td></tr>
</table>

续表 4.11

否决投标的情形	否决所有投标的规定	根据《招标投标法》的规定，评标委员会经评审，认为所有投标都不符合招标文件要求的，可以否决所有投标。所有投标文件都不符合招标文件的要求，通常有以下几种情况：①最低评标价大大超过标底或合同估价，招标人无力接受投标；②所有投标人在实质上均未响应投标文件的要求；③投标人过少，没有达到预期的竞争性
	评标委员会应当否决其投标的情形	有下列情形之一的，评标委员会应当否决其投标： 1. 投标文件未经投标单位盖章和单位负责人签字； 2. 投标联合体没有提交共同投标协议； 3. 投标人不符合国家或者招标文件规定的资格条件； 4. 同一投标人提交两个以上不同的投标文件或者投标报价，但招标文件要求提交备选投标的除外； 5. 投标报价低于成本或者高于招标文件设定的最高投标限价； 6. 投标文件没有对招标文件的实质性要求和条件做出响应； 7. 投标人有串通投标、弄虚作假、行贿等违法行为
	投标文件的细微偏差	细微偏差是指投标文件在实质上响应招标文件要求，但在个别地方存在漏项或者提供了不完整的技术信息和数据等情况，并且补正这些遗漏或者不完整不会对其他投标人造成不公平的结果。细微偏差不影响投标文件的有效性。 评标委员会应当书面要求存在细微偏差的投标人在评标结束前予以补正。拒不补正的，在详细评审时可以对细微偏差做不利于该投标人的量化，量化标准应当在招标文件中明确规定
澄清说明	投标文件中有含义不明确的内容、明显文字或者计算错误，评标委员会认为需要投标人做出必要澄清、说明的，应当书面通知该投标人。投标人的澄清、说明应当采用书面形式，并不得超出投标文件的范围或者改变投标文件的实质性内容。 评标委员会不得暗示或者诱导投标人做出澄清、说明，不得接受投标人主动提出的澄清、说明。 评标委员会发现投标人的报价过低，使得其投标报价可能低于其个别成本的，应当要求该投标人做出书面说明并提供相关证明材料	
提交书面评标报告和中标候选人名单	评标完成后，评标委员会应当向招标人提交书面评标报告和中标候选人名单。中标候选人应当不超过 3 个，并标明排序。评标报告应当由评标委员会全体成员签字。对评标结果有不同意见的评标委员会成员应当以书面形式说明其不同意见和理由，评标报告应当注明该不同意见。评标委员会成员拒绝在评标报告上签字又不书面说明其不同意见和理由的，视为同意评标结果。 超过三分之一的评标委员会成员认为评标时间不够的，招标人应当适当延长评标时间	

10. 定标。

表 4.12 定标

确定中标单位并公示	国有资金占控股或者主导地位的依法必须进行招标的项目，招标人应当确定排名第一的中标候选人为中标人。排名第一的中标候选人放弃中标、因不可抗力不能履行合同、不按照招标文件要求提交履约保证金，或者被查实存在影响中标结果的违法行为等情形，不符合中标条件的，招标人可以按照评标委员会提出的中标候选人名单排序依次确定其他中标候选人为中标人，也可以重新招标。 依法必须进行招标的项目，招标人应当自收到评标报告之日起 3 日内公示中标候选人，公示期不得少于 3 日
发出中标通知书	中标人确定后，招标人应当向中标人发出中标通知书，并同时将中标结果通知所有未中标的投标人。中标通知书对招标人和中标人具有法律效力。中标通知书发出后，招标人改变中标结果，或者中标人放弃中标项目的，应当依法承担法律责任。 招标人应当自确定中标人之日起 15 日内，向有关行政监督部门提交招标投标情况的书面报告
签订合同、交纳履约保证金	招标人和中标人应当自中标通知书发出之日起 30 日内，按照招标文件和中标人的投标文件订立书面合同。招标人和中标人不得再行订立背离合同实质性内容的其他协议。 招标人最迟应当在书面合同签订后 5 日内向中标人和未中标的投标人退还投标保证金及银行同期存款利息。 招标文件要求中标人提交履约保证金的，中标人应当按照招标文件的要求提交。履约保证金不得超过中标合同金额的 10%

本章考点统计

本章考点统计表

考点	年份				
	2023	2022	2021	2020	2019
工程招标	招标人行为判断	招标人行为判断		招标文件内容识别	
工程投标	投标人行为判断，投标文件有效性判断	投标文件有效性判断		投标文件有效性判断	投标文件有效性判断
评标、定标		评标、定标过程中发生的事件的判别	评标专家的确定，评标委员会对投标人施工业绩的认定，评标、定标过程中发生的事件的判别	评标、定标过程中发生的事件的判别	中标单位签订合同价款判断

本章考点点评

通过对近 5 年的考题统计，涉及的考点主要包括三大块：工程招标、工程投标及工程评标与定标。本章内容在考题中主要以简答题的形式出现，并且考点较为分散，内容涵盖面广。

本章要重点掌握招标文件内容的识别、投标文件有效性的判断，通过以上内容判断招标人、投标人的做法是否妥当。还应掌握的知识点有评标、定标过程中的实务处理。在学习过程中，要全面熟悉招标、投标、评标、定标过程中一系列的文件要求、操作步骤、时限规定等内容。

第五章

工程合同价款管理

真题解析

一、2023 年考题

某建设单位采用工程量清单招标方式确定施工总承包单位 A 为中标人，并与施工总承包单位 A 签订了施工合同。合同工期 210 天，管理费按人材机费用之和的 12% 计取，利润按人材机费用与管理费之和的 5% 计取，规费按人工费的 18% 计取，税金按 9% 计取。

施工过程中发生如下事件：

事件 1：工程总承包单位 A 将需要分包的两个暂估价专业工程，经招标分别发包给具有相应资质的分包单位 B 和 C。分包合同中约定发生索赔事件应在 28 天内提出。分包单位 B 完成 B1、B2 两项工作，分包单位 C 完成 C1、C2 两项工作。分包招标后，总承包单位 A 要求业主支付组织专业工程发包过程中发生的招标相关费用 8 万元。经总承包单位 A 与专业分包单位 B、C 协商工程施工进度计划如图 5.1 所示。

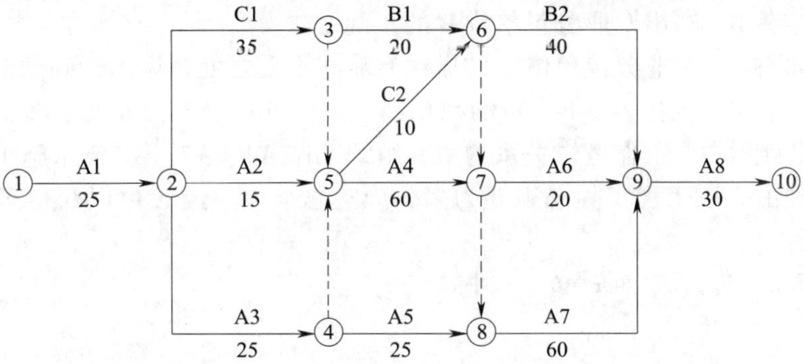

图 5.1 施工进度计划（单位：天）

事件 2：开工前建设单位改变地下空间使用功能，发生设计变更导致 A1 工作费用发生如下变化：①增加降水深度导致增加降水措施费 15 万元（其中人工费占 35%）；②结构增加钢筋混凝土材料费 16 万元，减少人工费 7 万元，减少打桩 25 个机械台班（台班单价 1 200 元 / 台班），减少钢材费用 13 万元；③增加土方开挖分项工程费 22 万元（其中人工费 9 万元）；④ A1 的持续时间增加 30 天。

事件 3：分包单位 C 因工程质量问题进行整改返工，导致 C2 实际持续时间为 25 天。分包单位 B 向分包单位 C 索赔 15 天工期，同时索赔 B1、B2 共用自有机械台班

（单价 2 000 元 / 台班）台班费：15×2 000=3（万元）。

事件 4：在完工结算时，得知总承包单位 A1 就设计变更影响向业主索赔工期费用后，专业分包单位 C 也以设计变更导致无法按原计划时间开始施工为由，向业主提出窝工费和工期索赔。

事件 5：考虑上述事件对总工期的影响，业主要求实际总工期不得超过原合同工期，并承诺工期奖罚款 2 万元 / 天。施工总承包单位 A 采取施工措施将 A4、A7、A8 的顺序施工方式改为分段流水作业。确定的流水节拍如表 5.1 所示。

表 5.1 施工过程的流水节拍表

施工过程	流水段		
	①	②	③
A4	20	20	20
A7	20	20	20
A8	10	10	10

【问题】

1. 针对事件 1，若暂估价专业工程属于依法必须招标的范围，依据《建设工程工程量清单计价规范》GB 50500—2013，施工总承包单位 A 单独作为招标人需满足哪些条件？哪些环节需要报批？产生的费用由谁承担？

2. 针对事件 2，分别列式计算工作 A1 的分部分项工程费、规费和工程造价增加多少万元？

3. 针对事件 3，写出专业分包单位 B 的正确做法。

4. 针对事件 4，专业分包单位 C 的做法有哪些不妥之处？说出正确做法。

5. 针对事件 4，仅按表 5.1 给定的数据组织工作 A4、A7、A8 流水施工的工期为多少天？在网络计划中受工作逻辑关系约束，组织工作 A4、A7、A8 流水施工的工期为多少天？说明理由。该工程实际总工期为多少天？总承包单位 A 可以获得多少万元的总工期提前奖励？

（注：计算结果以万元为单位保留三位小数）

【答案】

问题 1：

（1）总承包单位 A 单独作为招标人组织招标，应满足条件“除合同另有约定外，承包人不参加该专业工程的投标”；

（2）需要报批的环节有拟定的招标文件、评标标准和方法、评标委员会成员构成、评标报告、拟中标候选人名单、分包合同等，均应报送发包人批准；

（3）产生的招标费用由总承包单位 A 承担；

理由：与组织招标工作有关的费用应当被认为已经包括在承包人的投标报价中。

问题 2：

A1 的分部分项工程费：（16−7−25×1 200÷10 000−13）×（1+12%）×（1+5%）+22=13.768（万元）

规费 =（15×35%−7+9）×18%=1.305（万元）

工程造价增加：（13.768+1.305+15）×（1+9%）=32.780（万元）

问题 3：

针对事件 3，专业分包单位 B 的正确做法：应向总包单位 A 提出工期和费用索赔，并符合索赔程序的相关规定，其中索赔工期为 5 天，机械窝工费 5 个台班，索赔费用按照机械台班折旧费计算。

问题 4：

不妥之处：分包单位 C 超过了索赔时限索赔不成立，分包单位 C 向业主提出索赔不妥。

正确做法：分包单位 C 应在知道或应当知道索赔事件发生后 28 天内，向总承包单位 A 递交索赔意向通知书，并说明发生索赔事件的事由。

问题 5：

按表 5.1 给定数据组织 A4、A7、A8 流水施工的工期 20+40+30=90（天），受网络计划约束后流水施工的工期 90+5+15=110（天）。

理由：A1 的持续时间增加 30 天，A1 的持续时间变为 55 天，C2 实际持续时间为 25 天，因此 C2 结束时间是第 115 天末，原流水施工 A7 为第 110 天末开始，受紧前工作 C2 的影响，故开始时间需要往后推迟 115−110=5（天）。

原流水施工 A8 为第 150 天末开始，受流水施工 A7 推迟 5 天的影响，开始时间调整为第 155 天末，又因为 A6 结束时间是第 170 天末，受紧前工作 A6 的影响，故开始时间需要往后推迟 170−155=15（天）。

经调整后流水施工 A8 实际开始时间为第 170 天末，该工程实际总工期为 170+30=200（天）。

总承包单位 A 可获得工期奖励为：（210−200）×2=20.000（万元）

二、2022 年考题（部分）

某国有资金投资新建教学楼工程，建设单位委托某招标代理机构对预算为 3 800 万元的建筑安装工程组织施工招标。通过招标确定承包单位后，发承包双方签订了施工承包合同。合同中有关工程计价的部分条款约定：管理费按人材机费之和的 10% 计取；利润按人材机费和管理费之和的 6% 计取；措施费按分部分项工程费的 30% 计取；规费和增值税按分部分项工程费和措施费之和的 14% 计取；人工工日单价为 150 元 / 工日，人员窝工的补偿标准为工日单价的 60%；施工机械台班单价为 1 500 元 / 台班，施工机械闲置补偿标准为台班单价的 70%；人员窝工和施工机械闲置均不计取管理费和利润；合同工期为 360 天，工期提前（延误）的奖励（惩罚）金额为 20 000 元 / 天。

合同签订后，承包单位编制并获批准的施工进度计划如图 5.2 所示。

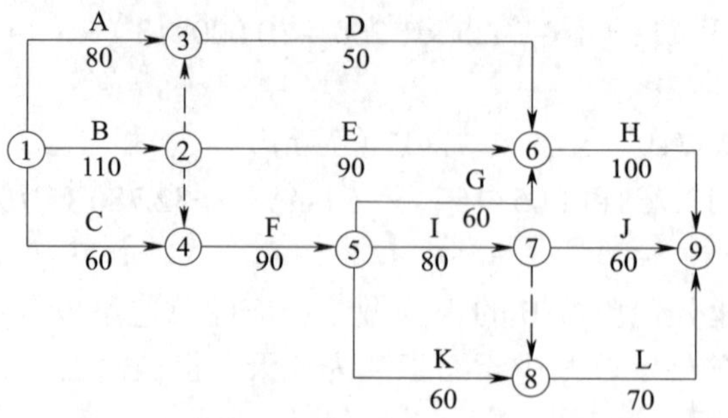

图 5.2 施工进度计划（单位：天）

为改善使用功能，建设单位要求设计单位修改和优化设计方案，具体设计变更内容为：

1. 取消了原有的 G 工作。取消 G 工作的设计变更通知送达承包单位时，承包单位已经为实施 G 工作刚采购进场了一批工程材料，该批材料无法退货也无法换作他用，承包单位向建设单位索要该批材料的材料费，内容包括材料原价和检验试验费、二次搬运费。

2. 增加了 H 工作的工程量，H 工作持续时间增加 20%，由此增加人工 600 工日，材料费 36 万元，施工机械 25 台班；造成人员窝工 160 工日，施工机械闲置 12 台班。

根据设计变更，建设单位与承包单位进行了合同变更，为加快施工进度，获得工期提前奖励，承包单位将 L 工作持续时间压缩了 30 天。

【问题】

1. 指出承包单位向建设单位索要 G 工作材料费内容的不妥之处，并写出材料费的内容组成。

2. 计算 H 工作增加的工程价款和承包单位可得到的人员窝工、机械闲置费用补偿，计算实际工期和承包单位可得到的工期提前奖励金额。

（注：费用计算结果保留两位小数）

【答案】

问题 1：

承包单位要求索赔检验试验费和二次搬运费不妥。

理由：检验试验费属于施工企业管理费，二次搬运费属于措施费，材料买来还未用于工程实体，不应索赔这两笔费用。

材料费 = 材料消耗量 × 材料单价

材料消耗量 = 材料净用量 + 材料损耗量

材料单价 = 材料原价 + 运杂费 + 场外运输损耗 + 采购保管费

问题 2：

H 工作增加的工程价款 =（600 × 150+360 000+25 × 1 500）÷ 10 000 ×（1+10%）×（1+6%）×（1+30%）×（1+14%）=84.24（万元）

窝工和机械闲置补偿 =（160 × 150 × 60%+12 × 1 500 × 70%）÷ 10 000 ×（1+14%）=

3.08（万元）

根据设计变更需要调整合同工期，由于 G 工作取消，关键线路和总工期发生变化，合同变更后关键线路为 B → F → I → L，合同工期为 350 天。

根据设计变更，建设单位与承包单位进行了合同变更，为加快施工进度，获得工期提前奖励，承包单位将 L 工作持续时间压缩了 30 天，压缩后，关键线路为 B → F → I → J，实际工期为 340 天。

工期提前奖励金额 =（350–340）×2=20（万元）

三、2021 年考题（部分）

某国有资金投资项目，业主依据《标准施工招标文件》通过招标确定了施工总承包单位，双方签订了施工总承包合同，合同约定，管理费按人材机费之和的 10% 计取，利润按人材机费和管理费之和的 6% 计取，规费和增值税按人材机费、管理费和利润之和的 13% 计取，人工费单价为 150 元 / 工日，施工机械台班单价为 1 500 元 / 台班；新增分部分项工程的措施费按该分部分项工程费的 30% 计取（除特殊说明外，各费用计算均按不含增值税价格考虑）。合同工期为 220 天，工期提前（延误）的奖励（惩罚）金额为 1 万元 / 天。合同签订后，总承包单位编制并被批准的施工进度计划如图 5.3 所示。

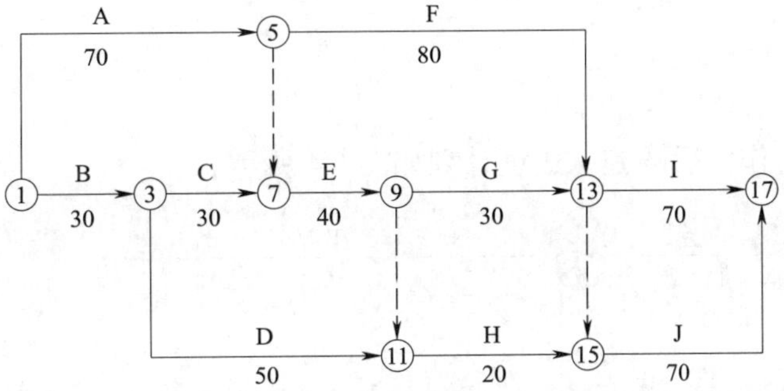

图 5.3　施工进度计划（单位：天）

施工过程中发生如下事件：

事件 1：为改善项目使用功能，业主进行了设计变更，该变更增加了一项 Z 工作，根据施工工艺要求，Z 工作为 A 工作的紧后工作、G 工作的紧前工作，已知 Z 工作持续时间为 50 天，用人工 600 工日，施工机械 50 台班，材料费 16 万元。

事件 2: E 工作为隐蔽工程。E 工作施工前，总承包单位认为工期紧张，监理工程师到场验收会延误时间，即自行进行了隐蔽，监理工程师得知后，要求总承包单位对已经覆盖的隐蔽工程剥露重新验收。经检查验收，该隐蔽工程合格。总承包单位以该工程检查验收合格为由，提出剥露与修复隐蔽工程的人工费、材料费合计 1.5 万元和延长工期 5 天的索赔。

事件 3：为获取提前竣工奖励，总承包单位确定了五项可压缩工作持续时间的工作 F、G、H、I、J，并测算了相应增加的费用，见表 5.2。

表 5.2 可压缩的工作持续时间和相应的费用增加表

工作	持续时间 / 天	可压缩的时间 / 天	压缩一天增加的费用 /（元 / 天）
F	80	20	2 000
G	30	10	5 000
H	20	10	1 500
I	70	10	6 000
J	70	20	8 000

【问题】

1. 事件 1 中，依据图 5.2 绘制增加 Z 工作以后的施工进度计划；列式计算 Z 工作的工程价款（单位：元）。

2. 事件 2 中，总承包单位的费用和工期索赔是否成立？并说明理由。在索赔成立的情况下，总承包单位可索赔的费用金额为多少元？

3. 事件 3 中，从经济性角度考虑，总承包单位应压缩多少天的工期？应压缩哪几项工作？可以获得的收益是多少元？

（注：费用计算结果保留两位小数）

【答案】

问题 1：

（1）增加 Z 工作以后的施工进度计划如图 5.4 所示。

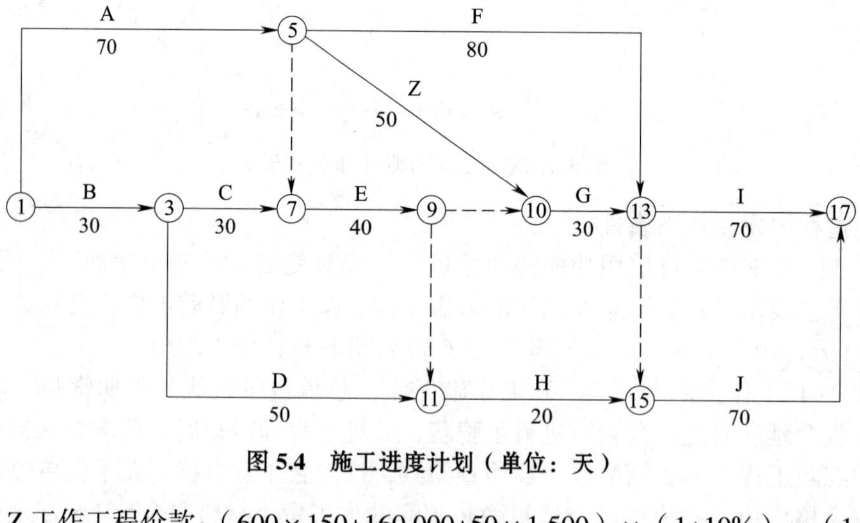

图 5.4 施工进度计划（单位：天）

（2）Z 工作工程价款：（600 × 150+160 000+50 × 1 500）×（1+10%）×（1+6%）×（1+13%）×（1+30%）=556 677.55（元）

问题 2：

事件 2 中，总承包单位的费用和工期索赔均不成立，总承包单位可索赔费用为 0 元。

理由：承包人未通知监理人到场检查，私自将工程隐蔽部分覆盖的，监理人有权指示承包人钻孔探测或揭开检测，无论工程隐蔽部位质量是否合格，由此增加的费用和延误的工期均由承包人承担。

问题 3：

（1）从经济性角度考虑，总承包单位应同时压缩 F 和 G 工作各 10 天，压缩工期为 10 天，压缩后工期为 210 天。

（2）费用增加：（2 000 × 10+5 000 × 10）/10 000=7.00（万元）

（3）可获得收益 =（1 × 10–7）=3.00（万元）

四、2020 年考题

某环保工程项目，发承包双方签订了工程施工合同。合同约定：工期为 270 天；管理费和利润按人材机费之和的 20% 计取；规费和增值税税金按人材机费、管理费和利润之和的 13% 计取；人工单价按 150 元 / 工日计，人工窝工补偿按其单价的 60% 计，施工机械台班单价按 1 200 元 / 台班计，施工机械闲置补偿按其台班单价的 70% 计；人工窝工和施工机械闲置补偿均不计取管理费和利润，各分部分项工程的措施费按其相应工程费的 25% 计取（无特别说明的，费用计算时均按不含税价格考虑）。承包人编制的施工进度计划获得了监理工程师的批准，如图 5.5 所示。

该工程项目施工过程中发生了如下事件：

事件 1：A 工作施工至第 15 天时，发现地下埋藏文物，由相关部门进行了处置，造成承包人停工 10 天，人员窝工 110 个工日，施工机械闲置 20 个台班；配合文物处置，承包人发生人工费 3 000 元，保护措施费 1 600 元，承包人及时向发包人提出工期延期和费用索赔。

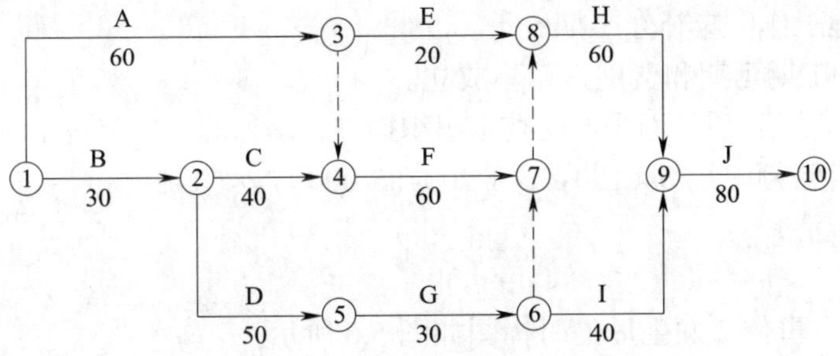

图 5.5　承包人施工进度计划（单位：天）

事件 2：文物处置工作完成后，①发包人提出了地基夯实设计变更，致使 A 工作延长 5 天工作时间，承包人增加用工 50 个工日、增加施工机械 5 个台班、增加材料费 35 000 元；②为了确保工程质量，承包人将地基夯实处理设计变更的范围扩大了 20%，由此增加了 5 天工作时间，增加人工费 2 000 元、材料费 3 500 元、施工机械使用费 2 000 元。承包人针对事件①、②两项内容及时提出工期延期和费用索赔。

事件 3：C、G、H 工作共用同一台专用施工机械顺序施工，承包人计划第 30 天末租赁该专用施工机械进场，第 190 天末退场。

事件 4：H 工作施工中，使用的某种暂估材料的价格上涨了 30%，该材料的暂估单价为 392.4 元 /m^2（含可抵扣进项税 9%），监理工程师确认了该材料使用数量为 800m^2。

【问题】

1. 事件 1 中承包人提出工期和费用索赔是否成立？并说明理由。如果成立，承包人应获得的工期延期为多少天？费用索赔额多少元？

2. 事件 2 中分别指出承包人针对①、②两项内容所提出的工期延期和费用索赔是否成立？并说明理由。承包人应获得工期延期多少天？说明理由。费用索赔额多少元？

3. 根据图 5.4，在答题卡给出的图 5.5 上绘制事件 1、事件 2 发生后，承包人的时标网络施工进度计划，实际工期为多少天？事件 3 中专业施工机械最迟在第几天末进场？在此情况下，该机械在施工现场的闲置时间最短为多少天？

4. 事件 4 中 H 工作的工程价款增加的金额为多少元？

【答案】

问题 1：

（1）事件 1 中配合处置地下文物而造成的费用和工期索赔成立。

理由：发现地下文物属于发包人应承担的风险，造成的费用损失由发包人承担。

（2）承包人应获得的工期延期为 0 天。

理由：分项工程 A 延长 10 天，但由于分项工程 A 在非关键线路上，其总时差为 10 天，所以承包人应获得的工期延期为 10−10=0（天）。

（3）承包人应获得的费用索赔 =（110 × 150 × 60%+20 × 1 200 × 70%+3 000 × 1.2+1 600）×（1+13%）=36 047（元）

问题 2：

（1）事件 1 工期延期和费用索赔成立。

理由：地基夯实设计变更属于发包人应承担的责任，造成的费用损失由发包人承担，且 A 为关键工作，应补偿工期 5 天。

（2）事件 2 工期延期和费用索赔不成立。

理由：为确保工程质量而采取的技术组织措施，增加的工期及费用应由承包人承担。

（3）费用索赔额 =（50 × 150+5 × 1 200+35 000）×（1+20%）×（1+25%）×（1+13%）=82 208（元）

问题 3：

（1）事件 1、事件 2 发生后的时标图如图 5.6 所示。

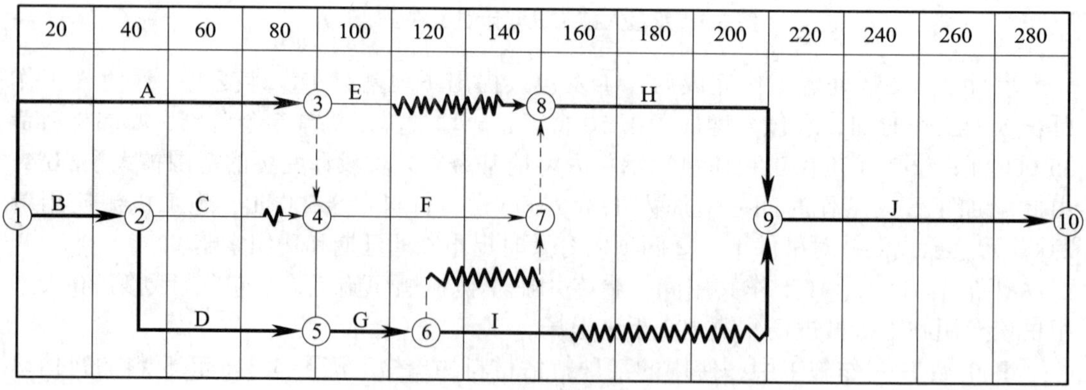

图 5.6 时标图

（2）事件 1、事件 2 发生后，实际工期为 280 天。

（3）事件 3 中专业机械最迟在第 40 天末组织进场，第 200 天末退场。机械在施工现场的最短闲置时间为 30 天。

问题 4：

（1）暂估价材料不含税单价 =392.4 ÷（1+9%）=360（元 /m^2）

（2）材料价格上涨后的单价增加额 =360 × 30%=108（元 /m^2）

（3）分项工作 H 的工程价款增加额 =108 × 800 ×（1+13%）=97 632（元）

五、2019 年考题

某企业自筹资金拟建设工业厂房项目，建设单位采用工程量清单方式招标，并与施工单位按《建设工程施工合同（示范文本）》GF–2017–0201 签订了工程施工承包合同。合同工期为 270 天。施工承包合同约定：管理费和利润按人工费和施工机具使用费之和的 40% 计取，规费和税金按人材机费、管理费和利润之和的 11% 计取；人工费平均单价按 120 元 / 工日计取；通用机械台班单价按 1 100 元 / 台班计取；人员窝工、通用机械闲置补偿按其单价的 60% 计取，不计管理费和利润；各分部分项工程施工均发生相应的措施费，措施费按其相应的工程费的 30% 计取；对工程量清单中采用材料暂估价确定的综合单价，如果该种材料实际采购价格与暂估价不符，以直接在综合单价上增减材料价差的方式调整。

该工程施工过程中发生如下事件：

事件 1：施工前施工单位编制了工程施工进度计划（如图 5.7 所示）和相应的设备使用计划，项目监理机构对其审核时得知：该工程的 B、E、J 工作均需要使用一台特种设备吊装施工，施工承包合同约定该台特种设备由建设单位租赁，供施工单位无偿使用。在设备使用计划中，施工单位要求建设单位必须将该台特种设备在第 80 天末租赁进场，第 260 天末组织退场。

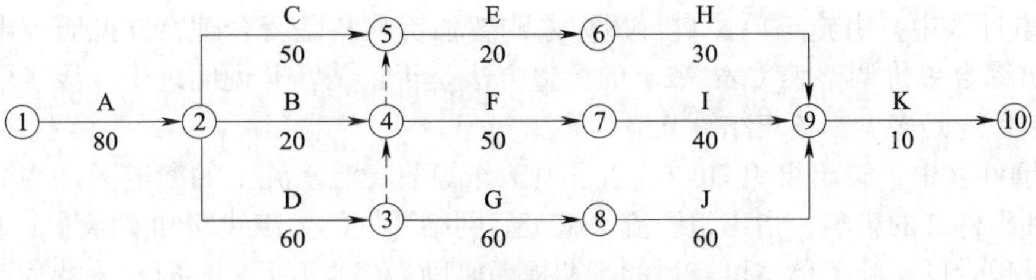

图 5.7 施工进度计划（单位：天）

事件 2：由于建设单位办理变压器增容的原因，使施工单位 A 工作实际开工时间比已签发的开工令确定的开工时间推迟了 5 天，并造成施工单位人员窝工 135 工日，通用机械闲置 5 个台班。施工进行 70 天后，建设单位对 A 工作提出设计变更，该变更比原 A 工作增加了人工费 5 060 元、材料费 27 148 元、施工机具使用费 1 792 元，并造成通用机械闲置 10 个台班，工作时间增加 10 天。A 工作完成后，施工单位提出如下索赔：①推迟开工造成人员窝工、通用机械闲置和拖延工期 5 天的补偿；②设计变更造成费用增加、通用机械闲置和拖延工期 10 天的补偿。

事件 3：施工招标时，工程量清单中 ϕ25 规格的带肋钢筋材料为暂估价材料，暂估单价为 3 500 元 /t，数量为 260t，施工单位按照合同约定组织招标，以 3 600 元 /t 的价格采购该批钢筋并得到建设单位确认。施工使用该材料 130t，进行结算时，施工单位提出：材料实际采购价比暂估价增加了 2.86%，所以该项目的结算综合单价应增加 2.86%，调整内容见表 5.3。已知该项目的钢筋主材损耗率为 2%。

表 5.3　分部分项工程量综合单价调整表

序号	项目编号	项目名称	已标价清单综合单价 / 元					调整后综合单价 / 元				
			综合单价	其中				综合单价	其中			
				人工费	材料费	机械费	管理费和利润		人工费	材料费	机械费	管理费和利润
1	…	带肋钢筋 ϕ25	4 210.27	346.52	3 639.52	61.16	163.07	4 330.68	356.43	3 743.61	62.91	167.73

事件 4：根据施工承包合同的约定，合同工期每提前 1 天奖励 1 万元（含税）。施工单价计划将 D、G、J 工作按流水节拍 30 天组织等节奏流水施工，以缩短工期，获取工期奖励。

（注：除特殊说明外，以上费用都为不含税价格）

【问题】

1. 事件 1 中，在图 5.6 所示施工进度计划中，受特种设备资源条件的约束，应如何完善进度计划才能反映 B、E、J 工作的施工顺序？为节约特种设备租赁费用，该特种设备最迟第几天末必须租赁进场？并说明理由。此时，该特种设备在现场的闲置时间为多少天？

2. 事件 2 中，依据施工承包合同，分别指出施工单位提出的两项索赔是否成立，并说明理由。可索赔费用金额是多少元？可批准的工期索赔为多少天？并说明理由。

3. 事件 3 中，由施工单位自行招标采购暂估价材料是否合理？并说明理由。施工单位提出综合单价调整表（表 5.2）的调整方法是否正确？并说明理由。该清单项目结算综合单价应是多少？核定结算款应为多少？

4. 事件 4 中，画出组织 D、G、J 三项工作等节奏流水施工的横道图，并结合考虑事件 1 和事件 2 的影响，指出组织流水施工后网络计划的关键线路和实际施工工期。依据施工承包合同，施工单位可获得的工期提前奖励为多少万元？此时，该特种设备在现场的闲置时间为多少天？

【答案】

问题 1：

完善后的进度计划如图 5.8 所示。

B、E、J 的顺序为 B → E → J，调整后，先判断关键线路，因为 J 工作为关键工作，所以其时间参数不能改变，但在不影响合同工期的前提下可以改变 B、E 工作的最早开始时间以节约特种设备租赁费用。

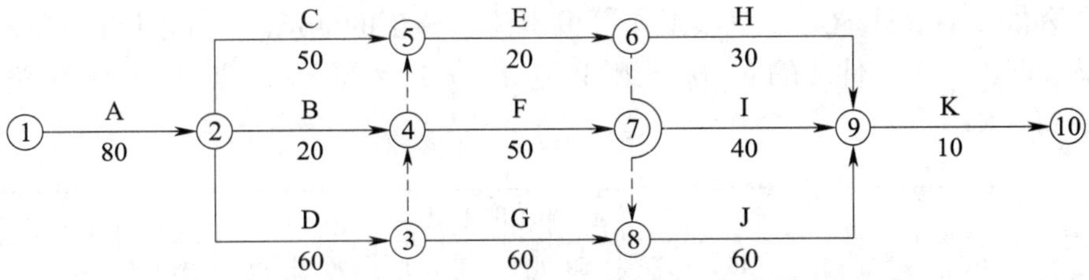

图 5.8　完善后的进度计划（单位：天）

用最早开始时间判断，依次从 J → E → B 推导，该特种设备最迟第 150 天末必须租赁进场，再晚将影响工期，此时该设备在现场的时间 =260–150=110（天），设备工作时间 =20+20+60=100（天），在现场的闲置时间 =110–100=10（天）。

问题 2：

推迟开工造成人员窝工、通用机械闲置和拖延工期 5 天的补偿超过了索赔时限，不能提出索赔。

设计变更造成费用增加、通用机械闲置和工期拖延 10 天的补偿可以，因为设计变更是建设单位责任造成的，且 A 工作是关键工作，并在 14 天内提出，所以施工单位增加的用工和窝工费用由建设单位承担。

可索赔费用 =｛［（5 060 +1 792）×（1+40%）+27 148］×（1+30%）+10 × 1 100 × 60%｝×（1+11%）=（47 763.04+6 600）×（1+11%）=60 342.97（元）

可批准的工期索赔为 10 天。

问题 3：

（1）由施工单位自行招标采购暂估价材料不合理。

理由：应由建设单位组织招标或者经建设单位同意后由施工单位负责招标采购。

（2）施工单位提出综合单价调整表（表 5.2）的调整方法不正确。

理由：材料暂估价的差价直接在该综合单价上增减材料价差调整，不应当调整综合单价中的人工费、机械费、管理费和利润。

该清单项目结算综合单价 =4 210.27+（3 600–3 500）×（1+2%）=4 312.27（元）

核定结算款 =4 312.27 × 130 ×（1+11%）=622 260.56（元）

问题 4：

D、G、J 三项工作等节奏流水施工的横道图，如图 5.9 所示。

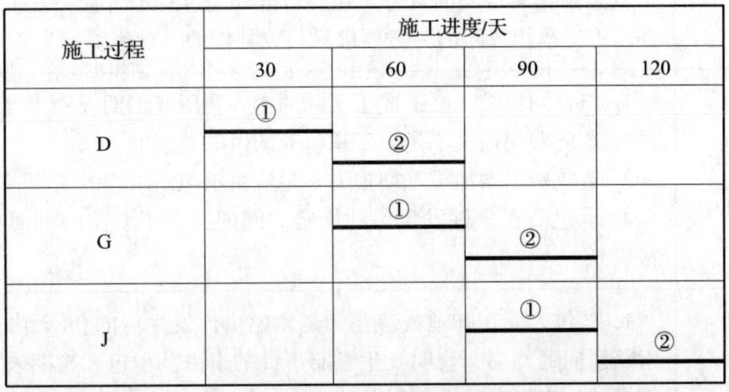

图 5.9　D、G、J 三项工作等节奏流水施工横道图

考虑事件 1 后，D、G、J 三项工作等节奏流水施工的横道图，如图 5.10 所示。

考虑事件 1 和事件 2 的影响，组织流水施工后网络计划的关键线路为 A→D→F→I→K。

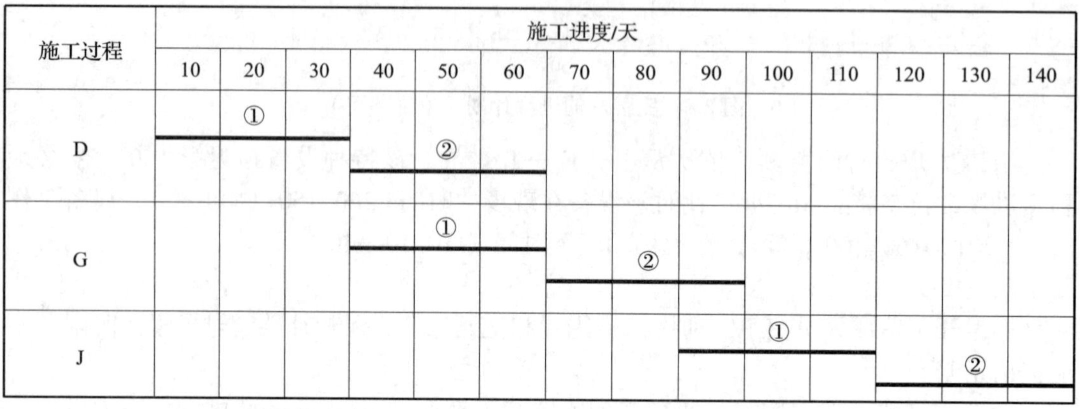

图 5.10　考虑事件 1 后，D、G、J 三项工作等节奏流水施工横道图

实际施工工期 =240+5+10=255（天）

可获得的工期提前奖励 =［（270+10）−255］×1=25（万元）

若 B 工作按照尽早开始时间，组织流水施工后，机械在第 95 天末进场，第 235 天末出场，机械在场时间为 140 天，机械作业时间为 100 天，机械闲置时间为 40 天。

若考虑最合理的时间安排做 B 工作，组织流水施工后，机械在 135 天末进场，第 235 天末退场，机械在场时间为 100 天，机械作业时间为 100 天，则机械闲置时间为 0 天。

知识点凝练

知识点一：工程索赔

表 5.4　工程索赔

概念	索赔是指有合同的双方，在履行合同的过程中有损失发生，无过错、无责任、不应承担风险的一方要求另一方补偿的一种经济行为
承包人向发包人索赔成立的条件	1. 与合同比较，已造成了实际的额外费用或工期损失； 2. 造成费用损失不是由于承包商的过失引起的； 3. 造成费用增加或工期损失不是应由承包商承担的风险； 4. 承包商在事件发生后的规定时间内提出了索赔的书面意向通知和索赔报告
程序	1. 承包人应在知道或应当知道索赔事件发生后的 28 天内，向发包人提交索赔意向通知书，说明发生索赔事件的事由。承包人逾期未发出索赔意向通知书的，丧失索赔的权利。

续表 5.4

程序			2. 承包人应在发出索赔意向通知后 28 天内，向发包人正式提交索赔报告。索赔报告应详细说明索赔理由和要求，并应附必要的记录和证明材料。提出索赔申请后，承包人应抓紧准备索赔的证据资料。 3. 索赔事件具有连续影响的，承包人应继续提交延续索赔通知，说明连续影响的实际情况和记录。 4. 在索赔事件影响终了后的 28 天内，承包人应向发包人提交最终索赔报告，说明最终索赔要求，并应附必要的记录和证明材料
内容			承包人向发包人索赔的内容，包括工期与费用； 总承包人向专业承包、劳务分包、材料供应商、机械租赁公司索赔的内容只有费用。 1. 工期（承包人角度）：发包人的责任且延误的时间超出某工作的总时差，超出部分可索赔。 2. 费用（承包人角度）：一般是发包人的责任，合理的费用都可索赔
索赔费用计算	人工费	增加工程量	增加工程量 × 人工费预算定额
		窝工	1. 窝工时间 × 降效系数 × 人工预算定额； 2. 窝工费标准
	材料费	增加工程量	增加工程量 × 材料费预算定额
		窝工	按实际消耗增加值确定
	机械费	增加工程量	增加工程量 × 机械台班费预算定额
		窝工	1. 自有机械按折旧或降效考虑； 2. 租赁机械按租赁费计
	管理费	增加工程量	按正常管理费率计取
		窝工	1. 由于发包人的责任事件造成的窝工应索赔现场管理费； 2. 由于风险事件造成的窝工不能索赔现场管理费
	利润	增加工程量	按正常费率计取
		窝工	不考虑
	规费、税金	属于不可竞争费，增加工作量或者窝工状态均应计取	

续表 5.4

<table>
<tr><td rowspan="2">常见索赔事件</td><td>索赔成立的事件［可以认定为由发包人负责，承担由此增加的费用和（或）延误的工期］</td><td>1. 工程变更；发包人提供的地质水文资料存在错误和缺陷。
2. 工程量清单缺项、漏项、工程量偏差超出专用合同条款约定范围的，未按照强制性国家现行计量规范计量的，项目特征描述有误的；停水、停电；不利的物质条件（施工现场特殊岩层构造，地下管道，地下障碍物，有毒的、软弱的土层等）。
3. 因发包人原因造成对分包人的影响和损失的，由分包人向承包人索赔，承包人向发包人索赔。
4. 其他承包人与承包人同场作业，分别与发包人签订合同的，如果出现干扰影响施工的情况，应区分情况进行责任认定。
5. 异常恶劣的气候条件（不可预见，可以克服）对施工影响的责任认定范围应在双方签订施工合同时约定。
6. 发包人提供的材料、工程设备的规格、数量或质量不符合合同约定的；因发包人原因改变交货时间、地点，出现变更对承包人造成影响的。
7. 施工过程中发现文物、古迹、化石，增加承包人的费用和工期推迟的。
8. 发包人提供的施工现场、施工条件、开工条件存在缺陷影响承包人施工的。
9. 监理人工作指令有错误，对具体责任事件处理不符合相关规定，增加施工费用和（或）延误工期的</td></tr>
<tr><td>索赔不成立的事件</td><td>1. 施工机械、人员、非实体材料存在故障或延误进入施工现场；
2. 承包人为保证施工质量超出合同约定的范围增加工程量的；
3. 承包人原因造成质量缺陷的；
4. 因承包人原因未进行文明施工，污染环境、扰民、出现群众闹事影响工期、增加费用的；
5. 工程所在地正常气象条件、交通条件没有合理预见；
6. 施工组织设计存在缺陷影响工期、增加费用的；
7. 承包人负责提供的建筑材料、工程设备出现问题，存在缺陷影响施工、增加费用的；
8. 招标文件涉及相关信息（取土地点等）由于投标时投标人未进行现场踏勘，开工后发现现场实际情况不符而改变施工作业方案，增加费用、延误工期的；
9. 承包人所确定的分包人施工中由于非发包人原因造成损失的；
10. 承包人要求发包人支付签约合同价中未列项的费用的；
11. 索赔事件发生后，承包人未按照法定索赔程序进行索赔的；
12. 加速施工费用索赔，发包人原因要求承包方加快施工时，确定加速施工发生的附加费用（加班补贴、施工新单价、加班天数、成本增加值）较复杂，一般用赶工奖励形式处理</td></tr>
</table>

续表 5.4

常见索赔事件	不可抗力	不可抗力引起的后果及造成的损失由合同当事人按照法律规定及合同约定各自承担。不可抗力发生前已完成的工程应当按照合同约定进行计量支付不可抗力导致的人员伤亡、财产损失、费用增加和（或）工期延误等后果，由合同当事人按以下原则承担： 1. 永久工程、已运至施工现场的材料和为完成合同约定的各项工作所需的工程设备的损坏，不包括不构成工程实体的施工可重复使用的非实体材料，以及因工程损坏造成的第三方人员伤亡和财产损失由发包人承担（由产生损失的第三方人员直接向发包人索赔）； 2. 承包人施工设备的损坏由承包人承担； 3. 发包人和承包人承担各自人员伤亡和财产的损失； 4. 因不可抗力影响承包人履行合同约定的义务，已经引起或将引起工期延误的，应当顺延工期，由此导致承包人停工的费用损失由发包人和承包人合理分担，停工期间应发包方要求承包方现场保卫保管的工人工资由发包人承担； 5. 因不可抗力引起或将引起工期延误，发包人要求赶工的，由此增加的赶工费用由发包人承担； 6. 承包人在停工期间按照发包人要求照管、清理和修复工程的费用由发包人承担。 不可抗力发生后，合同当事人均应采取措施尽量避免和减少损失的扩大，任何一方当事人没有采取有效措施导致损失扩大的，应对扩大的损失承担责任。 因合同一方延迟履行合同义务，在延迟履行期间遭遇不可抗力的，不免除其违约责任
	共同延误情况下的事件	同一时段内发生包含多起不同方责任造成的工期延误事件，分析事件发生责任时可采取“横道图”分析方法（横道图分析时，每种延误事件发生过程单独用一道横线表示）。应注意： 1. 首先判别造成工期拖期的“初始延误”责任者，在“初始延误”发生作用期间其他并发延误者不承担责任。 2.“初始延误”者为发包人，则在发包人造成的延误期内，承包商可得到工期补偿，费用补偿应注意区分延误后果的区别，是增加工程量，还是窝工的区别。 3.“初始延误”者为不可抗力因素时，工期和费用补偿见上述不可抗力部分

知识点二：工程变更的处理及程序

表 5.5　工程变更的处理及程序

变更的范围	1. 增加或减少合同中任何工作，或追加额外的工作； 2. 取消合同中任何工作，但转由他人实施的工作除外； 3. 改变合同中任何工作的质量标准或其他特性； 4. 改变工程的基线、标高、位置和尺寸； 5. 改变工程的时间安排或实施顺序

续表 5.5

工程变更工期的申请	工程变更发生后，承包商应在 14 天内提出工期及费用的增加。工程变更引起的工期增加，如超过了该工作的总时差，超出部分可向业主申请工期的顺延
变更价款调整方法	《建设工程施工合同（示范文本）》GF–2017–0201 规定： 1. 已标价工程量清单或预算书中有相同项目的，按照相同项目单价认定； 2. 已标价工程量清单或预算书中无相同项目，但有类似项目的，参照类似项目的单价认定； 3. 变更导致实际完成的变更工程量与已标价工程量清单或预算书中列明的该项目工程量的变化幅度超过 15% 的，或已标价工程量清单或预算书中无相同项目及类似项目单价的，按照合理的成本与利润构成的原则，由合同当事人商定（或确定）变更工作的单价
	因工程变更引起已标价工程量清单项目或其工程数量发生变化时，应按照下列规定调整： 1. 已标价工程量清单中有适用于变更工程项目的，应采用该项目的单价；但当工程变更导致该清单项目的工程数量发生变化，且工程量偏差超过 15% 时，可进行调整。当工程量增加 15% 以上时，增加部分的工程量的综合单价应予调低；当工程量减少 15% 以上时，减少后剩余部分的工程量综合单价应予调高。 2. 已标价工程量清单中没有适用但有类似于变更工程项目的，可在合理范围内参照类似项目的单价。 3. 已标价工程量清单中没有适用也没有类似于变更工程项目的，应由承包人根据变更工程资料、计量规则和计价办法、工程造价管理机构发布的信息价格和承包人报价浮动率提出变更工程项目的单价，并应报发包人确认后调整。 其中： 招标工程报价浮动率 L=（1– 中标价 / 招标控制价）× 100% 非招标工程承包人报价浮动率 L=（1– 报价值 / 施工图预算）× 100% 4. 工程变更引起施工方案改变，并使措施项目发生变化的，一般安全文明施工费可按实际发生变化的费用进行调整；单价措施费应按上述 1 ~ 3 项原则进行调整；按总价计算的措施项目费，按照实际发生变化的措施项目调整，但应考虑承包人报价浮动因素，即调整金额按照实际调整金额乘以承包人报价浮动率计算

表 5.6 《标准施工招标文件》中合同条款规定的可以合理补偿承包人索赔的条款

序号	条款号	主要内容	可补偿的内容		
			工期	费用	利润
1	1.10.1	施工过程发现文物、古迹以及其他遗迹、化石、钱币或物品	√	√	
2	4.11.2	承包人遇到不利物质条件	√	√	

续表 5.6

序号	条款号	主要内容	可补偿的内容		
			工期	费用	利润
3	5.2.4	发包人要求向承包人提前交付材料和工程设备		√	
4	5.2.6	发包人提供的材料和工程设备不符合合同要求	√	√	√
5	8.3	发包人提供基准资料错误导致承包人的返工或造成工程损失	√	√	√
6	11.3	发包人的原因造成工期延误，如增加合同工作内容；改变合同中任何一项工作的质量要求或其他特性；发包人迟延提供材料、工程设备或变更交货地点的；因发包人原因导致的暂停施工；提供图纸延误；未按合同约定及时支付预付款、进度款等	√	√	√
7	11.4	异常恶劣的气候条件	√		
8	11.6	发包人要求承包人提前竣工		√	
9	12.2	发包人原因引起的暂停施工	√	√	√
10	12.4.2	发包人原因造成暂停施工后无法按时复工	√	√	√
11	13.1.3	发包人原因造成工程质量达不到合同约定验收标准的	√	√	√
12	13.5.3	监理人对隐蔽工程重新检查，经检验证明工程质量符合合同要求的	√	√	√
13	16.2	法律变化引起的价格调整		√	
14	18.4.2	发包人在全部工程竣工前，使用已接收的单位工程导致承包人费用增加	√	√	√
15	18.6.2	发包人原因导致试运行失败		√	√
16	19.2	发包人原因导致的工程缺陷和损失		√	√
17	21.3.1	不可抗力	√		

表 5.7　FIDIC 合同条件下部分可以合理补偿承包商索赔的条款

序号	条款号	主要内容	可补偿的内容		
			工期	费用	利润
1	1.9	延误发放图纸	√	√	√
2	2.1	延误移交施工现场	√	√	√
3	4.7	承包人依据工程师提供的错误数据导致放线错误	√	√	√
4	4.12	不可预见的外界条件	√	√	
5	4.24	施工过程中遇到文物和古迹	√	√	
6	7.4	非承包人原因检验导致施工的延误	√	√	√
7	8.4（a）	变更导致竣工时间的延长	√		
8	（c）	异常不利的气候条件	√		
9	（d）	由于传染病或其他政府行为导致工期的延误	√		
10	（e）	业主或其他承包人的干扰	√		
11	8.5	政府原因引起的延误	√		
12	10.2	业主提前占用工程		√	√
13	10.3	对竣工检验的干扰	√	√	√
14	13.7	后续法规引起的调整	√	√	
15	18.1	业主办理的保险未能从保险公司获得补偿部分		√	
16	19.4	不可抗力事件造成的损害	√	√	

知识点三：流水施工及网络技术分析及应用

1. 流水施工。

（1）流水施工的横道图表示法。

某基础工程流水施工的横道图表示法如图 5.11 所示。图中的横坐标表示流水施工的持续时间，纵坐标表示施工过程的名称或编号。n 条带有编号的水平线段表示 n 个施工过程或专业工作队的施工进度安排，其编号①、②……表示不同的施工段。

横道图表示法的优点是：绘图简单，施工过程及其先后顺序表达清楚，时间和空间状况形象直观，使用方便，因而被广泛用来表达施工进度计划。

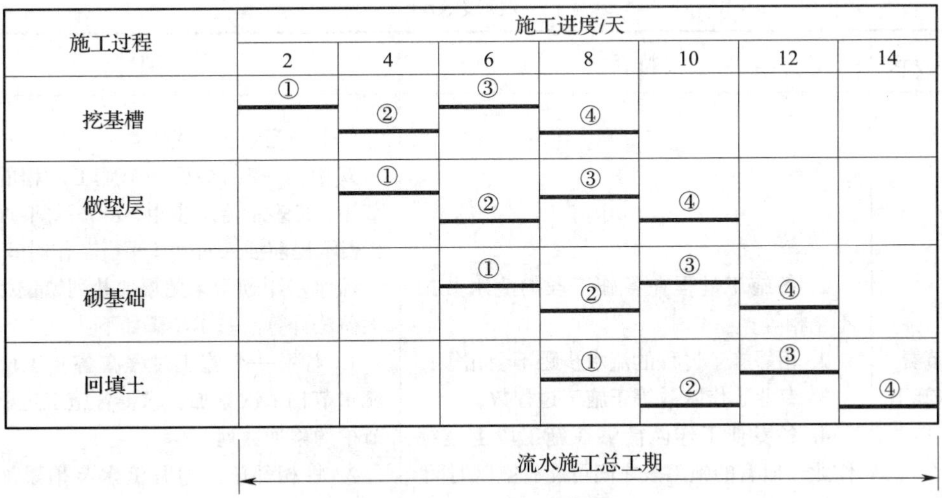

图 5.11 流水施工横道图表示法

（2）流水施工的基本组织方式。

表 5.8 流水施工的基本组织方式

组织方式	特点	工期
固定节拍流水施工	1. 所有施工过程在各个施工段上的流水节拍均相等； 2. 相邻施工过程的流水步距相等，且等于流水节拍； 3. 专业工作队数等于施工过程数，即每一个施工过程成立一个专业工作队，由该队完成相应施工过程所有施工段上的任务； 4. 各个专业工作队在各施工段上能够连续作业，施工段之间没有空闲时间	有间歇时间的固定节拍流水施工。所谓间歇时间，是指相邻两个施工过程之间由于工艺或组织安排需要而增加的额外等待时间。包括工艺间歇时间（$G_{j,j+1}$）和组织间歇时间（$Z_{j,j+1}$）。对于有间歇时间的固定节拍流水施工，其流水施工工期 $T=(n-1)t+\sum G+\sum Z+m\cdot t$ $=(m+n-1)t+\sum G+\sum Z$
成倍节拍流水施工	1. 同一施工过程在其各个施工段上的流水节拍均相等，不同施工过程的流水节拍不等，但其值为倍数关系； 2. 相邻施工过程的流水步距相等，且等于流水节拍的最大公约数（K）； 3. 专业工作队数大于施工过程数，即有的施工过程只成立一个专业工作队，而对于流水节拍大的施工过程，可按其倍数增加相应专业工作队数目； 4. 各个专业工作队在施工段上能够连续作业，施工段之间没有空闲时间	加快的成倍节拍流水施工工期： $T=(n'-1)K+\sum G+\sum Z-\sum C+m\cdot K$ $=(m+n'-1)K+\sum G+\sum Z-\sum C$ 式中：n'表示专业工作队数目

续表 5.8

组织方式	特点	工期
非节奏流水施工	1. 各施工过程在各施工段的流水节拍不全相等； 2. 相邻施工过程的流水步距不全相等； 3. 专业工作队数等于施工过程数； 4. 各专业工作队能够在施工段上连续作业，但有的施工段之间可能有空闲时间	$T=\sum t_n+\sum K+\sum G-\sum C$ 式中：t_n 表示最后一个施工过程的流水节拍，K 表示流水步距，G 表示间歇时间，C 表示提前插入时间（平行工作时间）。 流水步距通常采用累加数列错位相减取大差法计算。基本步骤如下： 1. 对每一个施工过程在各施工段上的流水节拍依次累加，求得各施工过程流水节拍的累加数列； 2. 将相邻施工过程流水节拍累加数列中的后者错后一位，相减后求得一个差数列； 3. 在差数列中取最大值，即为这两个相邻施工过程的流水步距

2. 工程网络计划技术。

（1）关键线路（即关键工作）计算工期的确定：

1）从起点节点到终点节点为止，线路时间最长。

2）*T* 计算 =*T* 计划，工作总时差为零的线路。

3）*T* 计划 >*T* 计算，工作总时差最小的线路。

（2）总时差和自由时差的概念与计算。

表 5.9　总时差和自由时差的概念与计算

总时差	概念	某工作在不影响总工期的前提下所具有的机动时间
	计算	1. 某工作的总时差 =min｛关键线路的持续时间之和 – 某工作所处线路的持续时间之和｝； 2. 某工作的总时差 = 最迟开始时间 – 最早开始时间
自由时差	概念	在不影响其紧后工作最早开始时间的前提下，本工作可以利用的机动时间
	计算	对于有紧后工作的工作，其自由时差等于本工作之紧后工作最早开始时间减本工作最早完成时间所得之差的最小值； 对于无紧后工作的工作，也就是以网络计划终点节点为完成节点的工作，其自由时差等于计划工期与本工作最早完成时间之差

（3）关键线路在索赔中的应用：

1）被延误的工序在关键路线上，即被延误的是关键工序。由于关键路线决定了总工期，因此关键工序上的延误也就是总工期的延误。

2）被延误的工序是非关键工序，且该工序被延误的时间没有超过其总时差。根据网络进度计划，此时该工序的延误并不影响总工期，因此索赔不成立，即没有工期补偿。

3）被延误的工序仍然是非关键工序，但其被延误的时间已超过了其总时差。这种情况比较复杂，还应考虑该工序的紧后工序时间参数等因素。当非关键工序变成了关键工序，关键路线发生变化影响了总工期时，如果只要求计算这一个工序对总工期的影响，则可以用该工序被延误的时间减去其总时差，其差额即为总工期的延误。但如果同时还有其他事项的发生，即还有其他工序被延误时间，则只能重新计算网络图的时间参数。

本章考点统计

本章考点统计表

考点		年份				
		2023	2022	2021	2020	2019
合同条款与管理					暂估材料单价上涨引起的合同价款的调整	综合单价调整、暂估价材料采购方式正确性的判断
责任分析	发包人责任				发现地下文物	变压器增容推迟开工
	承包人责任	分包单位工程质量问题整改返工		未通知监理人到场检查，私自将工程隐蔽部分覆盖	为了保证质量，扩大地基夯实范围	
	不可抗力					
	其他	设计变更、工程量增加索赔费用计算	修改和优化设计方案	设计变更	设计变更、工程量增加索赔费用计算	设计变更
索赔费用及工期补偿		工期补偿、费用索赔计算	工期补偿、费用索赔计算	工期补偿、费用索赔计算	工期补偿、费用索赔计算	工期补偿计算、费用索赔时效性的判断

续表

考点	年份				
	2023	2022	2021	2020	2019
工期奖励	压缩工期可以获得的收益	压缩工期可以获得的收益	压缩工期可以获得的收益		
网络技术分析与应用	组织流水施工后实际工期的计算	实际工期的计算	双代号网络图的绘制	双代号网络图的绘制，实际工期及共用机械的最短闲置时间计算	双代号网络图工期及关键线路的确定与调整、等节奏流水施工图的绘制

本章考点点评

工程索赔是本章的重点考点，结合事件背景材料，根据建设项目施工合同相关条款分析具体事件发生的责任（发包人责任、承包人责任、不可抗力原因），确定索赔的内容（工期索赔、费用索赔），并结合流水施工及双代号网络技术、费用构成的具体要求进行工程索赔。考生在解答时，要弄清工程索赔的概念，工程索赔成立的条件，责任划分与处理原则与方法，工期索赔、费用索赔的计算及应用网络计划技术处理工程索赔的方法。

另外，注意掌握合同的计价及价格调整方式。计价项目包括分部分项工程项目、措施项目、其他项目；计价项目费用是指计价项目工程量与其综合单价的乘积，即：包括计价项目的人工费、材料费、机械设备使用费和管理费、利润，并考虑一定风险费用，不包括税金。费用索赔计算公式可简化为：费用索赔额 = 计价项目费用 ×（1+ 综合费税率）。

第六章 工程结算与决算

真题解析

一、2023 年考题

某施工项目发承包双方签订了工程合同，工期 6 个月。工程内容及其价款约定如下：

1. 分部分项工程（含单价措施，下同）项目 4 项，工程量和费用数据及施工进度计划如表 6.1 所示。

2. 安全文明施工费为分部分项工程费用的 7.5%（该费用在竣工结算时根据计取基数的变化一次性调整），除安全文明施工费之外的其余总价措施项目费用为 9 万元（该费用不予调整）。

3. 其他项目费用包括暂列金额 10 万元，需分包的专业工程暂估价 20 万元（另计总承包服务费 5%），管理费和利润按不含税人材机费用之和的 16% 计取，规费按人、材、机费用和管理费、利润之和的 7% 计取，增值税税率为 9%。

表 6.1　分部分项工程项目工程量和费用数据及施工进度计划表

分部分项工程项目				施工进度计划（时间单位：月）					
名称	工程量	综合单价	费用 / 万元	1	2	3	4	5	6
A	900m^3	280 元 /m^3	25.2	———	———				
B	1 000m^3	450 元 /m^3	45.0		———	———	———		
C	1 300m^2	360 元 /m^2	46.8			———	———	———	
D	1 100m^2	320 元 /m^2	35.2						———
合计			152.2						

有关工程价款调整与支付条款约定如下：

1. 开工日期10日前，发包人按签约合同价（扣除安全文明施工费和暂列金额）的20%支付给承包人作为工程预付款，在施工期间第2～5个月的每个月中平均扣回，同时将安全文明施工费的60%按工程款支付方式支付给承包人。

2. 分部分项工程项目工程进度款按施工期间实际完成工程量逐月支付。

3. 除开工前支付的安全文明施工费外，其余总价措施项目费用在施工期间第1～5个月平均支付。

4. 其他项目工程款在发生当月支付。

5. 发包人按承包人每次应得工程款的85%支付。

6. 发包人在竣工结算报告审核完成并收到承包人提交的工程质量保函（额度为工程结算总造价的3%）后，一次性结清竣工结算款。

该工程如期开工，施工期间发生了经发承包双方确认的下列事项：

1. 分部分项工程项目B在施工期间第2、3、4、5个月实际完成工程量分别为180m^3、300m^3、300m^3、220m^3。

2. 因招标工程量清单的项目特征描述与设计图纸不符，导致C分项工程综合单价发生变化。经核定，该项目原综合单价中不含税的人工费（95.00元/m^2）、机械费（45.30元/m^2）和辅材费（23.47元/m^2）不变；主要材料C1的消耗量为0.71m^2，单价为176.80元/m^2（含可抵扣进项税，税率为13%）；主要材料C2的消耗量为0.34m^2，单价为158.60元/m^2（不含税）。

3. 因设计变更导致分项工程D增加分部分项工程费5.6万元，持续时间不变。

4. 施工第4个月，原专业工程暂估价实际发生21万元。

其他工程内容的施工时间和费用均与原合同约定相符。

【问题】

1. 该施工项目签约合同价中的安全文明施工费为多少万元？签约合同价为多少万元？开工前发包人应支付给承包人的工程预付款和安全文明施工费工程款分别为多少万元？

2. 施工至第2个月末，承包人完成分部分项工程项目工程进度款为多少万元？分部分项工程项目的投资偏差和进度偏差分别为多少万元（不考虑总价措施项目费用的影响）？

3. 列式计算分部分项工程C的综合单价及工程费用分别为多少万元？

4. 施工期间第4个月，承包人完成的分部分项工程费用为多少万元？发包人应支付给承包人的工程进度款为多少万元？

5. 分部分项工程费用增减额为多少万元？安全文明施工费增加额为多少万元？除安全文明施工费外合同增减额为多少万元？如果在开工前和施工期间发包人均已按合同约定支付了承包人预付款和各项工程款，则竣工结算时，发包人完成结清支付时，应向承包人一次性结清支付工程款为多少万元？

（注：计算过程和结果以元为单位的保留两位小数，以万元为单位的保留三位小数）

【答案】

问题1：

安全文明施工费 =152.2×7.5%=11.415（万元）

签约合同价 =[152.2+11.415+9+10+20×（1+5%）]×（1+7%）×（1+9%）=237.476(万元）

开工前支付的工程预付款 =[237.476-（11.415+10）×（1+7%）×（1+9%）]×20%=42.500（万元）

开工前应支付安全文明施工费工程款 =11.415×60%×（1+7%）×（1+9%）×85%=6.790（万元）

问题2：

截至第2个月末：

承包人完成分部分项工程进度款 =（25.2+180×450÷10 000）×（1+7%）×（1+9%）=38.838（万元）

分部分项工程项目投资偏差=已完工程计划投资-已完工程实际投资=（25.2+180×450÷10 000）×（1+7%）×（1+9%）-（25.2+180×450÷10 000）×（1+7%）×（1+9%）=0

按进度计划投资，投资无偏差；

分部分项工程项目进度偏差=已完工程计划投资-拟完工程计划投资=（25.2+180×450÷10 000）×（1+7%）×（1+9%）-（25.2+45÷3）×（1+7%）×（1+9%）=-8.047（万元）

进度拖后8.047万元。

问题3：

C1不含税单价 =176.80÷（1+13%）=156.46（元/m^2）

新综合单价 =（95+45.3+23.47+0.71×156.46+0.34×158.60）×（1+16%）=381.39（元/m^2）

C分项费用 =381.39×1 300÷10 000=49.581（万元）

问题4：

第4个月：

承包人完成分部分项工程费 =300×450÷10 000+49.581÷3=30.027（万元）

承包人已完成工程款 =[30.027+21×（1+5%）+（9+11.415×40%）÷5]×（1+7%）×（1+9%）=63.902（万元）

发包人应支付给承包人的工程进度款 =63.902×85%-42.5÷4=43.692（万元）

问题5：

分部分项工程费用增减额 =（381.39-360）×1 300÷10 000+5.6=8.381（万元）

安全文明施工费增加额 =8.381×7.5%=0.629（万元）

除安全文明施工费外的合同价增减额 =[8.381+（21-20）×（1+5%）-10]×（1+7%）×（1+9%）=-0.664（万元）

实际总造价 =237.476-0.664+0.629×（1+7%）×（1+9%）=237.546（万元）

竣工结算工程款 =237.546-[237.546-0.629×（1+7%）×（1+9%）]×85%=36.255（万元）

二、2022 年考题

某工程项目发承包双方签订了施工合同，工期为 6 个月。合同中有关工程内容及其价款约定如下：

1. 分项工程（含单价措施，下同）项目 4 项，总费用为 132.8 万元，各分项工程项目造价数据和计划施工时间见表 6.2。

2. 安全文明施工费为分项工程项目费用的 6.5%（该费用在施工期间不予调整，竣工结算时根据计取基数变化一次性调整），其余总价措施项目费用为 25.2 万元（该费用不予调整）。

3. 其他项目暂列金额为 20 万元。管理费和利润为人材机费用之和的 16%，规费为人材机费用和管理费、利润之和的 7%。

4. 上述工程费用均不含税，增值税税率为 9%。

表 6.2　各分项工程项目造价数据和计划施工时间表

分项工程项目	工程量	综合单价	费用 / 万元	计划施工时间 / 月
A	800m^3	280 元 /m^3	22.4	1 ~ 2
B	900m^3	320 元 /m^3	28.8	1 ~ 3
C	1 200m^2	430 元 /m^2	51.6	3 ~ 5
D	1 000m^2	300 元 /m^2	30.0	4 ~ 6

有关工程价款结算与支付约定如下：

1. 开工前 1 周内，发包人按签约合同价（扣除安全文明施工费和暂列金额）的 20% 支付给承包人作为工程预付款（在施工期间第 2 ~ 5 个月的每个月工程款中等额扣回），并同时将安全文明施工费工程款的 70% 支付给承包人。

2. 分项工程项目工程款按施工期间实际完成工程量逐月支付。

3. 除开工前支付的安全文明施工费工程款外，其余总价措施项目工程款按签约合同价，在施工期间第 1 ~ 5 个月分 5 次等额支付。

4. 其他项目工程款在发生当月支付。

5. 在开工前和施工期间，发包人按每次承包人应得工程款的 80% 支付。

6. 发包人在竣工验收通过，并收到承包人提交的工程质量保函（额度为工程结算总造价的 3%）后，一次性结清竣工结算款。

该工程如期开工，施工期间发生了经发承包双方确认的下列事项：

1. 经发包人同意，设计单位核准，承包人在该工程中应用了一种新型绿色建造技术，使得 C 分项工程项目工程量减少 300m^2，D 分项工程项目工程量增加 200m^2，发包人考虑该技术带来的工程品质与运营效益的提高，同意将 C 分项工程项目的综合单价提高 50%，D 分项工程项目的综合单价不变。

2. B 分项工程项目实际施工时间为第 2 ~ 5 个月，其他分项工程项目实际施工时间均与计划施工时间相符，各分项工程项目在计划和实际施工时间内各月工程量均等。

3. 施工期间第 5 个月，发生现场签证和施工索赔工程费用 6.6 万元。

【问题】

1. 该工程项目安全文明施工费为多少万元？签约合同价为多少万元？开工前发包人应支付给承包人的工程预付款和安全文明施工费工程款分别为多少万元？

2. 施工期间第 2 个月，承包人完成的分项工程项目工程进度款为多少万元？发包人应支付给承包人的工程进度款为多少万元？

3. 应用新型绿色建造技术后，C、D 分项工程项目费用应分别调整为多少万元？

4. 从开工到施工至第 3 个月末，分项工程项目的拟完工程计划投资、已完工程计划投资、已完工程实际投资分别为多少万元（不考虑安全文明施工费的影响）？投资偏差、进度偏差分别为多少万元？

5. 该工程项目安全文明施工费增减额为多少万元？合同价增减额为多少万元？如果开工前和施工期间发包人均按约定支付了各项工程款，则竣工结算时，发包人应向承包人一次性结清工程结算款为多少万元？

（注：计算过程和结果均保留三位小数）

【答案】

问题 1：

（1）安全文明施工费 =132.8 × 6.5%=8.632（万元）

（2）签约合同价 =（132.8+8.632+25.2+20）×（1+7%）×（1+9%）=217.669（万元）

（3）工程预付款 =[217.669–（8.632+20）×（1+7%）×（1+9%）] × 20%=36.855（万元）

（4）开工前应支付的安全文明施工费工程款 =8.632 ×（1+7%）×（1+9%）× 70% × 80%=5.638（万元）

问题 2：

（1）第 2 个月承包人完成的分项工程进度款 =（22.4 ÷ 2+28.8 ÷ 4）×（1+7%）×（1+9%）=21.460（万元）

（2）发包人应支付工程进度款 =［21.460+（8.632 × 30%+25.2）×（1+7%）×（1+9%）÷ 5］× 80%–36.855 ÷ 4=13.140（万元）

问题 3：

（1）C 分项工程项目费用 =（1 200–300）× 430 ×（1+50%）÷ 10 000=58.050（万元）

（2）D 分项工程项目费用 =（1 000+200）× 300 ÷ 10 000=36.000（万元）

问题 4：

从开工到施工至第 3 个月末：

（1）拟完工程计划投资 =（22.4+28.8+51.6 ÷ 3）×（1+7%）×（1+9%）=79.775（万元）

（2）已完工程计划投资 =［22.4+28.8 × 2 ÷ 4+（1 200–300）÷ 3 × 430 ÷ 10 000］×（1+7%）×（1+9%）=57.965（万元）

（3）已完工程实际投资 =［22.4+28.8 × 2 ÷ 4+（1 200–300）÷ 3 × 430 ×（1+50%）÷ 10 000］×（1+7%）×（1+9%）=65.488（万元）

（4）投资偏差 =57.965–65.488=–7.523（万元），投资超支 7.523 万元。

（5）进度偏差 =57.965–79.775=–21.810（万元），进度拖后 21.810 万元。

问题 5：

（1）安全文明施工费增减额 =（58.05+36–51.6–30）×6.5%=0.809（万元）

（2）合同价增减额 =[（58.05+36–51.6–30）×（1+6.5%）+6.6–20］×（1+7%）×（1+9%）=–0.164（万元）

（3）工程实际总造价 =217.669–0.164=217.505（万元）

工程结算款 =217.505–［217.505–0.809×（1+7%）×（1+9%）］×80%=44.256（万元）

三、2021 年考题

某施工项目发承包双方签订了工程合同，工期为 6 个月。有关工程内容及其价款约定如下：

1. 分项工程（含单价措施，下同）项目 4 项，有关数据如表 6.3 所示。
2. 总价措施项目费为分项工程项目费的 15%，其中，安全文明施工费为 6%。
3. 其他项目费用包括暂列金额 18 万元，分包专业工程暂估价 20 万元，另计总承包服务费 5%，管理费和利润为不含税人材机费之和的 12%，规费为人、材、机费用和管理费、利润之和的 7%，增值税税率为 9%。

表 6.3 分项工程项目相关数据与计划进度表

分项工程项目				每月计划完成工程量 /m^3 或 m^2					
名称	工程量	综合单价	费用 / 万元	第 1 个月	第 2 个月	第 3 个月	第 4 个月	第 5 个月	第 6 个月
A	900m^3	300 元 /m^3	27	400	500				
B	1 200m^3	480 元 /m^3	57.6		400	400	400		
C	1 400m^2	320 元 /m^2	44.8		350	350	350	350	
D	1 200m^2	280 元 /m^2	33.6			200	400	400	200
分项工程项目费用合计 / 万元			163	12	45.4	36	41.6	22.4	5.6

有关工程价款调整与支付条款约定如下：

1. 开工日期 10 日前，发包人按分项工程项目签约合同价的 20% 支付给承包人作为工程预付款，在施工期间第 2 ~ 5 个月的每月工程款中等额扣回。
2. 安全文明施工费工程款分两次支付，在开工前支付签约合同价的 70%，其余部分在施工期间第 3 个月支付。
3. 除安全文明施工费之外的总价措施项目工程款，按签约合同价在施工期间第 1 ~ 5 个月分五次平均支付。
4. 竣工结算时，根据分项工程项目费用变化值一次性调整总价措施项目费用。
5. 分项工程项目工程款按施工期间实际完成工程量逐月支付，当分项工程项目累计完成工程量增加（或减少）超过计划总工程量 15% 以上时，管理费和利润降低（或提高）50%。

6. 其他项目工程款在发生当月支付。

7. 开工前和施工期间，发包人按承包人每次应得工程款的 90% 支付。

8. 发包人在承包人提交竣工结算报告后 20 天内完成审查工作，并在承包人提供所在开户行出具的工程质量保函（额度为工程竣工结算总造价的 3%）后，一次性结清竣工结算款。

该工程如期开工，施工期间发生了经发承包双方确认的下列事项：

1. 因设计变更，分项工程 B 的工程量增加 300m^3，第 2～4 个月每月实际完成工程量均比计划完成工程量增加 100m^3。

2. 因招标工程量清单的项目特征描述与工程设计文件不符，分项工程 C 的综合单价调整为 330 元 /m^2。

3. 分包专业工程在第 3、4 个月平均完成，工程费用不变。

其他工程内容的施工时间和费用均与原合同约定相符。

【问题】

1. 该施工项目签约合同价中的总价措施项目费、安全文明施工费分别为多少万元？签约合同价为多少万元？开工前发包人应支付给承包人的工程材料预付款和安全文明施工费工程款分别为多少万元？

2. 截止到第 2 个月末，分项工程项目的拟完工程计划投资、已完工程计划投资、已完工程实际投资分别为多少万元（不考虑总价措施项目费用的影响）？投资偏差和进度偏差分别为多少万元？

3. 第 3 个月承包人完成分项工程项目费为多少万元？该月发包人应支付给承包人的工程款为多少万元？

4. 分项工程 B 按调整后的综合单价计算费用的工程量为多少 m^3？调整后的综合单价为多少元 m^3？分项工程项目费、总价措施项目费分别增加多少万元？竣工结算时，发包人应支付给承包人的竣工结算款为多少万元？

（注：计算过程和结果以万元为单位的保留三位小数，以元为单位的保留两位小数）

【答案】

问题 1：

（1）总价措施项目费 =163 × 15%=24.450（万元）

（2）安全文明施工费 =163 × 6%=9.780（万元）

（3）签约合同价 =（163+24.450+18+20+20 × 5%）×（1+7%）×（1+9%）=264.109（万元）

（4）工程材料预付款 =163 ×（1+7%）×（1+9%）× 20%=38.021（万元）

（5）开工前应支付安全文明施工费工程款 =9.780 ×（1+7%）×（1+9%）× 70% × 90% =7.186（万元）

问题 2：

截止到第 2 个月末：

（1）拟完工程计划投资 =（27+57.6 × 1/3+44.8 × 1/4）×（1+7%）×（1+9%）=66.946（万元）

（2）已完工程计划投资 =（27+500 × 480/10 000+350 × 320/10 000）×（1+7%）×

（1+9%）=72.544（万元）

（3）已完工程实际投资 =（27+500×480/10 000+350×330/10 000）×（1+7%）×（1+9%）=72.952（万元）

（4）投资偏差 =72.544–72.952=–0.408（万元），投资超支 0.408 万元。

（5）进度偏差 =72.544–66.946=5.598（万元），进度提前 5.598 万元。

问题 3：

（1）第 3 个月承包人完成分项工程项目费 =（500×480+350×330+200×280）/10 000 =41.150（万元）

（2）应支付工程款 =［41.150+（24.45–9.78）/5+9.78×30%+20×1.05/2］×（1+7%）×（1+9%）×90%–38.021/4=50.870（万元）

问题 4：

（1）分项工程 B 按调整后综合单价计算费用的工程量 =1 500–1 200×（1+15%）=120（m^3）

（2）原综合单价中的人材机费 =480/（1+12%）=428.57（元 /m^3）

调整后管理费和利润 =428.57×12%×（1–50%）=25.71（元 /m^3）

调整后综合单价 =428.57+25.71=454.28（元 /m^3）

（3）分项工程 B 项目费增加额 =［（300–120）×480+120×454.28］/10 000=14.091（万元）

分项工程 C 项目费增加额 =1 400×（330–320）/10 000=1.400（万元）

分项工程项目费增加额 =14.091+1.400=15.491（万元）

总价措施费增加额 =15.491×15%=2.324（万元）

（4）实际总造价 =264.109+（15.491+2.324–18）×（1+7%）×（1+9%）=263.893（万元）

竣工结算款 =［263.893–2.324×（1+7%）×（1+9%）］×（1–90%）+2.324×（1+7%）×（1+9%）=28.829（万元）

四、2020 年考题

某施工项目发承包双方签订了工程合同，工期为 5 个月，合同约定的工程内容及其价款包括：分项工程（含单价措施，下同）项目 4 项，费用数据与施工进度计划如表 6.4 所示；安全文明施工费为分项工程费的 6%，其余总价措施项目费为 8 万元；暂列金额为 12 万元；管理费和利润为不含税人材机费之和的 12%；规费为人材机费和管理费、利润之和的 7%；增值税税率为 9%。

表 6.4　分项工程项目费数据与施工进度计划表

分项工程项目				施工进度计划				
名称	工程量 /m^3	综合单价 /（元 /m^3）	合价 / 万元	第 1 个月	第 2 个月	第 3 个月	第 4 个月	第 5 个月
A	600	300	18.0					

续表 6.4

分项工程项目				施工进度计划				
名称	工程量 /m^3	综合单价 /（元 /m^3）	合价 / 万元	第 1 个月	第 2 个月	第 3 个月	第 4 个月	第 5 个月
B	900	450	40.5		——	——		
C	1 200	320	38.4		——	——	——	
D	1 000	240	24.0				——	——
合计			120.9	每项分项工程计划进度均为匀速进度				

有关工程价款支付约定如下：

1. 开工前，发包人按签约合同价（扣除安全文明施工费和暂列金额）的 20% 支付给承包人作为工程预付款（在施工期间第 2 ~ 4 个月工程款中平均扣回），同时将安全文明施工费按工程款方式提前支付给承包人。

2. 分项工程进度款在施工期间逐月结算支付。

3. 总价措施项目工程款（不包括安全文明施工费工程款）按签约合同价在施工期间第 1 ~ 4 个月平均支付。

4. 其他项目工程款在发生当月按实结算支付。

5. 发包人按每次承包人应得工程款的 85% 支付。

6. 发包人在承包人提交竣工结算报告后 45 日内完成审查工作，并在承包人提供所在开户行出具的工程质量保函（保函额为竣工结算价的 3%）后，支付竣工结算款。

该工程如期开工，施工期间发生了经发承包双方确认的下列事项：

1. 分项工程 B 在第 2 ~ 4 个月分别完成总工程量的 20%、30%、50%。

2. 第 3 个月新增分项工程 E，工程量为 300m^2，每平方米不含税人工费、材料费、机械费分别为 60 元、150 元、40 元，可抵扣进项增值税综合税率分别为 0、9%、5%。相应的除安全文明施工费之外的其余总价措施项目费为 4 500 元。

3. 第 4 个月发生现场签证、索赔等工程款为 3.5 万元。

其余工程内容的施工时间和价款均与原合同约定相符。

【问题】

1. 该工程签约合同价中的安全文明施工费为多少万元？签约合同价为多少万元？开工前发包人应支付给承包人的工程预付款和安全文明施工费工程款分别为多少万元？

2. 施工至第 2 个月末，承包人累计完成分项工程费为多少万元？发包人累计应支付的工程进度款为多少万元？分项工程进度偏差为多少万元（不考虑总价措施项目费用的影响）？

3. 分项工程 E 的综合单价为多少元 /m^2？可抵扣增值税进项税额为多少元？工程

款为多少万元？

4. 该工程合同价增减额为多少万元？如果开工前和施工期间发包人均按约定支付了各项工程价款，则竣工结算时，发包人应支付给承包人的竣工结算款为多少万元？

（注：计算过程和结果有小数时，以万元为单位的保留三位小数，其他单位的保留两位小数）

【答案】

问题 1：

（1）该工程签约合同价中的安全文明施工费 =120.9×6%=7.254（万元）

（2）该工程签约合同价 =（120.9+8+7.254+12）×（1+7%）×（1+9%）=172.792（万元）

（3）开工前发包人应支付给承包人的工程预付款 =［172.792−（7.254+12）×（1+7%）×（1+9%）］×20%=30.067（万元）

（4）应支付给承包人的安全文明施工费工程款 =7.254×（1+7%）×（1+9%）×85% =7.191（万元）

问题 2：

（1）施工至第 2 个月末，承包人累计完成分项工程费 =18+40.5×20%+38.4/3=38.900（万元）

（2）发包人累计应支付的工程进度款 =（38.9+8/4×2）×（1+7%）×（1+9%）×85%−30.067/3=32.507（万元）

（3）分项工程进度偏差：

已完工程计划投资 *BCWP*：38.9×（1+7%）×（1+9%）=45.369（万元）

拟完工程计划投资 *BCWS*：（18+40.5/2+38.4/3）×（1+7%）×（1+9%）=59.540（万元）

进度偏差 *SV*= 已完工程计划投资 *BCWP*− 拟完工程计划投资 *BCWS*=45.369−59.540=−14.171（万元），工程进度滞后 14.171 万元。

问题 3：

（1）分项工程 E 的综合单价 =（60+150+40）×（1+12%）=280（元 /m^2）

（2）分项工程 E 的可抵扣增值税进项税额 =（60×0%+150×9%+40×5%）×300 =4 650（元）

（3）分项工程 E 的工程款 =（280×300+280×300×6%+4 500）×（1+7%）×（1+9%）=10.910（万元）

问题 4：

该工程合同价增减额 =10.910+3.5−12×（1+7%）×（1+9%）=0.414（万元）

竣工结算款 =（172.792+0.414）×（1−85%）=25.981（万元）

五、2019 年考题

某工程项目发承包双方签订了建设工程施工合同，工期为 5 个月，有关背景资料如下：

1. 工程价款方面：

（1）分项工程项目费合计 824 000 元，包括分项工程 A、B、C 三项，清单工程量分别为 800m^3、1 000m^3、1 100m^2，综合单价分别为 280 元 /m^3、380 元 /m^3、200 元 /m^2。当分项工程项目工程量增加（或减少）幅度超过 15% 时，综合单价调整系数为 0.9（或 1.1）。

（2）单价措施项目费合计 90 000 元，其中与分项工程 B 配套的单价措施项目费为 36 000 元，该费用根据分项工程 B 的工程量变化同比例变化，并在第 5 个月统一调整支付，其他单价措施项目费用不予调整。

（3）总价措施项目费合计 130 000 元。其中安全文明施工费按分项工程和单价措施项目费用之和的 5% 计取，该费用根据计取基数变化在第 5 个月统一调整支付，其余总价措施项目费用不予调整。

（4）其他项目费用合计 206 000 元，包括暂列金额 80 000 元和需分包的专业工程暂估价 120 000 元（另计总承包服务费 5%）。

（5）上述工程费用均不包含增值税可抵扣进项税额。

（6）管理费和利润按人材机费之和的 20% 计取，规费按人材机费、管理费、利润之和的 6% 计取，增值税税率为 9%。

2. 工程款支付方面：

（1）开工前，发包人按签约合同价（扣除暂列金额和安全文明施工费）的 20% 支付给承包人作为预付款（在施工期间的第 2 ~ 4 个月的工程款中平均扣回），同时将安全文明施工费按工程款支付方式提前支付给承包人。

（2）分项工程项目工程款逐月结算。

（3）除安全文明施工费之外的措施项目工程款在施工期间的第 1 ~ 4 个月平均支付。

（4）其他项目工程款在发生当月结算。

（5）发包人按每次承包人应得工程款的 90% 支付。

（6）发包人在承包人提交竣工结算报告后的 30 天内完成审查工作，承包人向发包人提供所在开户银行出具的工程质量保函（保函额为竣工结算价的 3%），并完成结清支付。

施工期间各月分项工程计划和实际完成工程量如表 6.5 所示。

表 6.5 施工期间各月分项工程计划和实际完成工程量表

分项工程		施工周期 / 月					合计
		第 1 个月	第 2 个月	第 3 个月	第 4 个月	第 5 个月	
A	计划工程量 /m^3	400	400				800
	实际工程量 /m^3	300	300	200			800
B	计划工程量 /m^3	300	400	300			1 000
	实际工程量 /m^3		400	400	400		1 200
C	计划工程量 /m^2			300	400	400	1 100
	实际工程量 /m^2			300	450	350	1 100

施工期间第 3 个月，经发承包双方共同确认，分包专业工程费用为 105 000 元（不含可抵扣进项税），专业分包人获得的增值税可抵扣进项税额合计为 7 600 元。

【问题】

1. 该工程签约合同价为多少元？安全文明施工费工程款为多少元？开工前发包人

应支付给承包人的预付款和安全文明施工费工程款分别为多少元？

2. 施工至第 2 个月末，承包人累计完成分项工程合同价款为多少元？发包人累计应支付承包人的工程款（不包括开工前支付的工程款）为多少元？分项工程 A 进度偏差为多少元？

3. 该工程的分项工程项目、措施项目、分包专业工程项目合同额（含总承包服务费）分别增减多少元？

4. 该工程的竣工结算价为多少元？如果在开工前和施工期间发包人均已按合同约定支付了承包人预付款和各项工程款，则竣工结算时，发包人完成结清支付应支付给承包人的结算款为多少元？

（注：计算结果四舍五入取整数）

【答案】

问题 1：

（1）签约合同价 = 分部分项工程费 + 措施项目费 + 其他项目费 + 规费 + 税金 =（824 000+90 000+130 000+206 000）×（1+6%）×（1+9%）=1 444 250（元）

（2）安全文明施工费工程款 =（824 000+90 000）×（1+6%）×（1+9%）× 5%=52 802（元）

（3）应支付的预付款 =［1 444 250−52 802−80 000 ×（1+6%）×（1+9%）］× 20% =259 803（元）

（4）应支付的安全文明施工费工程款 =52 802 × 90%=47 522（元）

问题 2：

（1）第 2 个月末累计完成分项工程合同价款 =［（300+300）× 280+400 × 380］×（1+6%）×（1+9%）=369 728（元）

（2）第 1 ~ 4 个月每月支付的措施费工程款 =［（90 000+130 000）×（1+6%）×（1+9%）−52 802］/4=50 347（元）

第 2 ~ 4 个月每月扣回的预付款 =259 803/3=86 601（元）

第 2 个月末累计应支付的工程款 =（369 728+50 347 × 2）× 90%−86 601=336 779（元）

（3）已完工程计划投资 =（300+300）× 280 ×（1+6%）×（1+9%）=194 107（元）

拟完工程计划投资 =（400+400）× 280 ×（1+6%）×（1+9%）=258 810（元）

分项工程 A 的进度偏差 =194 107−258 810=−64 703（元），进度滞后 64 703 元。

问题 3：

（1）分项工程中，只有分项工程 B 的工程量发生改变，增加幅度 =（1 200−1 000）/ 1 000 × 100%=20%>15%，所以超过部分的综合单价应调低。

分项工程 B 的新综合单价 =380 × 0.9=342（元 /m^3）

分项工程项目增加额 =［1 000 × 15% × 380+（1 200−1 000 × 1.15）× 380 × 0.9］×（1+6%）×（1+9%）=85 615（元）

（2）措施项目增加额：

①单价措施增加的价款：36 000 ×（1 200−1 000）/1 000 ×（1+6%）×（1+9%）=8 319（元）

②总价措施增加的价款：（85 615+8 319）× 5%=4 697（元）

措施项目合计增加的价款：8 319+4 697=13 016（元）

（3）分包专业工程项目合同额（含总承包服务费）减少的价款 =（120 000−105 000）×（1+5%）×（1+6%）×（1+9%）=18 198（元）

问题 4：

（1）竣工结算价 =1 444 250−80 000×（1+6%）×（1+9%）+85 615+13 016−18 198 =1 432 251（元）

（2）应支付给承包人的结算款 =1 432 251×（1−90%）=143 225（元）

知识点凝练

知识点一：基于工程量清单的价款结算

1. 合同价款的形成与实现过程。

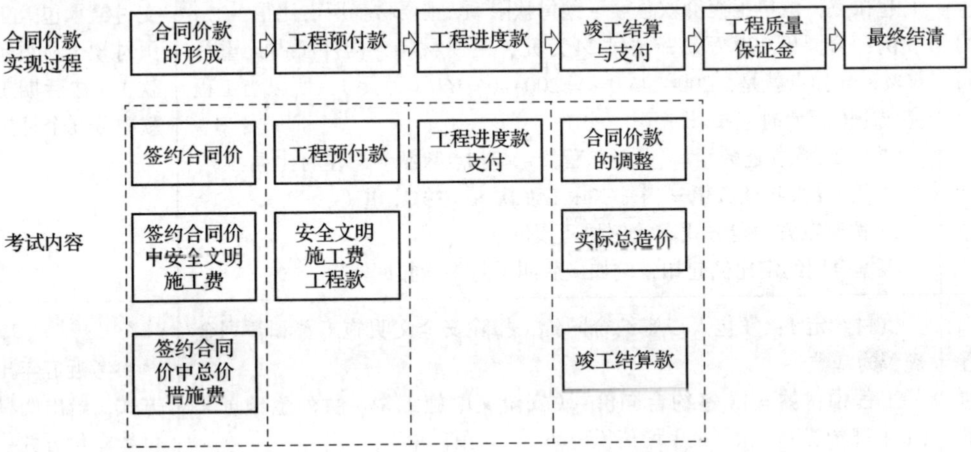

2. 合同价款的形成。

（1）签约合同价。签约合同价 =（分部分项工程费 + 措施项目费 + 其他项目费）×（1+ 规费费率）×（1+ 增值税税率）。

其中：

1）分部分项工程费 = Σ分部分项工程量 × 相应分部分项综合单价。

2）措施项目费 = Σ单价措施项目费 + Σ总价措施项目费。

3）其他项目费 = 暂列金额 + 专业工程暂估价 + 总承包服务费 + 计日工。

4）综合单价 = 人工费 + 材料费 + 机械费＋管理费 + 利润 + 由承包人承担的风险费用。

5）暂列金额默认不含规费和税金。

（2）签约合同价中安全文明施工费。若题目要求计算，一般以分部分项工程费为基数，占比给定，直接计算即可，不计取规费和税金。

（3）签约合同价中总价措施费。若题目要求计算，一般以分部分项工程费为基数，占比给定，直接计算即可，不计取规费和税金。

3. 工程预付款。

（1）工程预付款。

表 6.6 工程预付款

项目	内容	备注
概念	由发包人按照合同约定，在正式开工前由发包人预先支付给承包人，用于购买工程施工所需的材料和组织施工机械和人员进场的价款	
支付比例	包工包料工程的工程材料预付款的比例不得低于签约合同价（扣除暂列金额）的 10%，不宜高于签约合同价（扣除暂列金额）的 30%	根据题目中给定的基数及比例计算
材料预付款的扣回	1. 按照公式确定起扣点和抵扣额。 这种方法原则上是以未施工工程所需材料的价值相当于预付款数额时起扣，于每次结算工程价款时，按材料比重抵扣工程价款，竣工前全部扣清。具体计算步骤为：设 X 为起扣点，预付款 =（承包工程总价款 $-X$）× 主要材料所占比重。 （1）先确定预付款。 起扣点 = 承包工程价款总额 - 预付款限额 / 主要材料所占比重 例：合同价 200 万元，预付 24 万元，主要材料、构件所占比重为 60%，起扣点就是：200–24/60% = 200–40 =160（万元），所以当工程完成 160 万元时起扣。 （2）第 1 次扣还数额 =（累计工程款 - 起扣点数额）× 主材比重。 （3）第 i 次扣还数额 = 当月实际工程款 × 主材比重（$i>1$）。 2. 按照双方约定方式和比例扣还预付款。 根据合同约定比例起扣，例如最后四个月平均扣回	发包人应在开工前按合同约定支付给承包人工程预付款（材料预付款），在后期工程款中分几个月扣回
工程预付款的计算	支付约定 1：发包人以签约合同价（扣除安全文明施工费和暂列金额）为基数。 工程预付款 =［（签约合同价 -（安全文明施工费 + 暂列金额）×（1 ＋规费费率）×（1 ＋增值税税率）］× 预付率 支付约定 2：发包人以签约合同价为基数。 工程预付款 = 签约合同价 × 预付率	参考近五年出题方式，给出两种预付款支付方式，答题时注意审题

（2）安全文明施工费预付款。

表 6.7 安全文明施工费预付款

项目	内容	备注
相关规定	1.《建设工程工程量清单计价规范》GB 50500—2013 第 10.2.2 条规定，发包人应在工程开工后的 28 天内预付不低于当年施工进度计划的安全文明施工费总额的 60%，其余部分应按照提前安排的原则进行分解，并应与进度款同期支付。 2. 根据《建设工程施工合同（示范文本）》GF–2017–0201 通用合同条款第 6.1.6 条规定，除专用合同条款另有约定外，发包人应在开工后 28 天内预付安全文明施工费总额的 50%，其余部分与进度款同期支付	安全文明施工费预付款不用扣回

续表 6.7

项目	内容	备注
支付比例	1. 根据题目中给定的基数及比例，计取规费和税金并乘以进度款支付比例计算。 2. 安全文明施工费工程款 = 相应费用额 ×（1+ 规费费率）×（1+ 增值税税率）× 预付率 × 承包商应得工程款支付比例	安全文明施工费预付款要计取规费和税金，要按进度款支付比例计算。除非题目中明确约定将安全文明施工费工程款全额支付给承包人

4. 工程进度款。

表 6.8 工程进度款

项目	内容	备注
概念	发包人在合同工程施工过程中，按照合同约定对付款周期内承包人完成的合同价款给予支付的款项	
支付比例	按期中结算价款总额计算，不低于 60%，不高于 90%	根据题目中给定的比例计算
要点	1. 已标价工程量清单中的单价项目，承包人应按工程计量确认的工程量与综合单价计算。综合单价发生调整的，以发承包人确认调整的综合单价计算进度款。 2. 已标价工程量清单中的总价项目，承包人应按合同中约定的进度款支付分解，分别列入进度款支付申请中的安全文明施工费和本周期应支付的总价项目金额中。 3. 发包人应扣回的工程预付款，与工程进度款同期结算抵扣	
计算公式	工程进度款 =（分项工程费用 + 单价措施项目费 + 总价措施项目费 + 其他项目费）×（1+ 规费费率）×（1+ 增值税税率）	根据背景资料核对分部分项工程价款、措施项目价款、其他项目价款、变更款、索赔款、发包人提供材料费抵扣、预付款抵扣、支付比例等内容的具体约定

5. 竣工结算与支付。

（1）合同价款调整。

1）综合单价的调整。清单综合单价是指完成单位合格产品所需要的综合费用（除税价格），包括人工费、材料费、机具费、管理费、利润及风险费用。综合单价中的各费用均不含可抵扣的进项税，即为除税价格。综合单价具体的调整方式、方法应在合同中约定。若合同未做约定，可参照以下原则办理：①当工程量清单项目工程量的变化幅度在 15% 以内时，其综合单价不做调整，执行原有综合单价。②当应予计算的实际工程量与招标工程量清单出现偏差（包括因工程变更等原因导致的工程量偏差）超过 15% 时，对综合单价的调整原则为：当工程量增加 15% 以上时，其增加部分的工程量的综合单价应予调低；当工程量减少 15% 以上时，减少后剩余的工程量的综合单价应予调高。

2）动态调值公式。动态调值公式为：

$$P=P_0\left(a_0+a_1\times\frac{A}{A_0}+a_2\times\frac{B}{B_0}+a_3\times\frac{C}{C_0}+a_4\times\frac{D}{D_0}+\cdots\right)$$

式中：P——调值后合同价款或工程实际结算款；

P_0——合同价款中的工程预算进度款；

a_0——固定要素，代表合同支付中不能调整的部分；

a_1、a_2、a_3、a_4…——代表有关各项费用（如人工费用、钢材费用、水泥费用、运输费等）在合同总价中所占的比重，$a_0+a_1+a_2+a_3+a_4+\cdots=1$；

A_0、B_0、C_0、D_0…——投标截止日期前 28 天与 a_1、a_2、a_3、a_4…对应的各项费用的基期价格指数或价格；

A、B、C、D…——在工程结算月份与 a_1、a_2、a_3、a_4…对应的各项费用的现行价格指数或价格。

（2）实际总造价。

实际总造价 = 签约合同价 + 签约合同价调整额或 Σ 承包商各阶段完成的工程款

（3）竣工结算工程尾款。

竣工结算工程尾款 = 合同价款 + 施工过程中合同价款调整数额 − 已支付工程款（包括工程预付款、安全文明施工费工程款、施工进度款）− 质量保证金

注意，若承包人向发包人提供所在开户银行出具的工程质量保函（保函额为竣工结算价的 3%），竣工结算工程尾款＝合同价款 + 施工过程中合同价款调整数额 − 已支付工程款（包括工程预付款、安全文明施工费工程款、施工进度款），考试时采用此公式。

6. 工程质量保证金。

表 6.9　工程质量保证金

项目	内容	备注
概念	发包人与承包人在建设工程承包合同中约定，从应付的工程款中预留，用于保证承包人在缺陷责任期内对建设工程出现的缺陷进行维修的资金	
要点	1. 缺陷责任期一般为 1 年，最长不超过 2 年，由发承包双方在合同中约定。 2. 采用工程质量保证担保、工程质量保险等其他保证方式的，发包人不得再预留保证金。 3. 发包人应按照合同约定方式预留保证金，保证金总预留比例不得高于工程价款结算总额的 3%。合同约定由承包人以银行保函替代预留保证金的，保函金额不得高于工程价款结算总额的 3%。 4. 推行银行保函制度，承包人可以银行保函替代预留保证金。在工程项目竣工前，已经缴纳履约保证金的，发包人不得同时预留工程质量保证金。采用工程质量保证担保、工程质量保险等其他保证方式的，发包人不得再预留保证金	承包人所在开户银行出具保函的形式对发包人进行工程质量担保承诺，不在承包人应得工程款中扣留。从 2019 年开始，考试均采用此种方式

知识点二：偏差分析

1. 实际投资与计划投资。

拟完工程计划投资 = 拟完工程量 × 计划单价

已完工程实际投资 = 实际工程量 × 实际单价

已完工程计划投资 = 实际工程量 × 计划单价

注意：投资额度一般包括全要素费用；务必考虑的是自开始至某月末的累计值。

2. 投资偏差和进度偏差。

（1）投资偏差。

投资偏差指投资计划值与投资实际值之间存在的差异，当计算投资偏差时，应剔除进度原因对投资额产生的影响，因此其公式为：

投资偏差 = 已完工程计划投资 – 已完工程实际投资 = 实际工程量 ×（计划单价 – 实际单价）

式中结果为负值表示投资增加，结果为正值表示投资节余。

（2）进度偏差。

与投资偏差密切相关的是进度偏差，如果不加考虑就不能正确反映投资偏差的实际情况。为了与投资偏差联系起来，进度偏差也可表示为：

进度偏差 = 已完工程计划投资 – 拟完工程计划投资

=（实际工程量 – 拟完工程量）× 计划单价

进度偏差结果为正值时，表示工期提前；结果为负值时，表示工期拖延。

本章考点统计

本章考点统计表

考点	年份				
	2023	2022	2021	2020	2019
价款形成	签约合同价的计算	签约合同价的计算	签约合同价的计算	签约合同价的计算	签约合同价的计算
	签约合同价中的文明施工费	签约合同价中的文明施工费	签约合同价中的文明施工费	签约合同价中的文明施工费	签约合同价中的文明施工费
			签约合同价中的总价措施项目费用		
开工前应支付款项	工程预付款的计算	工程预付款的计算	工程预付款的计算	工程预付款的计算	工程预付款的计算
	安全文明施工费工程款的计算	安全文明施工费工程款的计算	安全文明施工费工程款的计算	安全文明施工费工程款的计算	安全文明施工费工程款的计算

续表

考点	年份				
	2023	2022	2021	2020	2019
工程进度款的支付	工程进度款的支付（期中支付）	工程进度款的支付（期中支付）	工程进度款的支付（期中支付）	工程进度款的支付（期中支付）	工程进度款的支付（期中支付）
合同价款的调整		工程量变动措施费的调整	工程量变动引起的综合单价及措施费的调整		工程量变动引起的综合单价及措施费的调整
	招标工程量清单的项目特征描述与设计图纸不符引起的综合单价变化	新技术引起的综合单价增加		新增分项工程引起的新增综合单价	
偏差分析	投资偏差和进度偏差分析	投资偏差和进度偏差分析	投资偏差和进度偏差分析	进度偏差分析	进度偏差分析
竣工结算	合同价增减额	合同价增减额	实际总造价	合同价增减额	竣工结算总造价
	竣工结算时，发包人应支付给承包人的一次性结清结算款	竣工结算时，发包人应支付给承包人的一次性结清的结算款	竣工结算时，发包人应支付给承包人的竣工结算款	竣工结算时，发包人应支付给承包人的竣工结算款	完成结清支付时应付给承包人的结算款
质量保证金和保修费用的处理	承包人提交的工程质量保函（额度为工程结算总造价的3%）	承包人提交的工程质量保函（额度为工程结算总造价的3%）	承包人向发包人提供所在开户银行出具的工程质量保函（保函额为竣工结算价的3%）	承包人向发包人提供所在开户银行出具的工程质量保函（保函额为竣工结算价的3%）	承包人向发包人提供所在开户银行出具的工程质量保函（保函额为竣工结算价的3%）

本章考点点评

施工合同价款支付与结算是本章的重点考点，考核点包括合同价款形成、开工前支付款项、工程进度款支付、合同价款调整、偏差分析（包括投资偏差和进度偏差）以及竣工结算，考点清晰明确。考生应结合考题，掌握相关考点的计算公式，根据考题的考核方式，本书将考题考点的普遍公式进行了罗列，供考生参考。

考题考点		计算公式	备注
价款形成	签约合同价的计算	签约合同价 =（分部分项工程费 + 措施项目费 + 其他项目费）×（1+ 规费费率）×（1+ 增值税税率） 其中：措施项目费 = ∑单价措施项目费 + ∑总价措施项目费 其他项目费 = 暂列金额 + 暂估价 + 总承包服务费 + 计日工	规费以分部分项工程项目费、措施项目费、其他项目费为基数； 其他项目费中暂列金额默认不含规费和税金
	签约合同价中的文明施工费	按照题目中提供的计算方式计算	
	签约合同价中的总价措施项目费	按照题目中提供的计算方式计算	
开工前应支付款项	工程预付款的计算	支付约定 1：发包人以签约合同价（扣除安全文明施工费和暂列金额）为基数。 工程预付款 =［(签约合同价 –（安全文明施工费 + 暂列金额）×（1+ 规费费率）×（1+ 增值税税率）］× 预付率 支付约定 2：发包人以签约合同价为基数。 工程预付款 = 签约合同价 × 预付率	1. 发包人应在开工前按合同约定支付给承包人工程预付款（材料预付款），在后期工程款中分几个月扣回。 2. 参考近五年出题方式，给出两种预付款支付方式，答题时注意审题
	安全文明施工费工程款的计算	安全文明施工费工程款 = 相应费用额 ×（1+ 规费费率）×（1+ 增值税税率）× 预付率 × 承包商应得工程款支付比例	1. 发包人按合同约定以工程款的方式支付给承包人，因此需要乘以承包商应得工程款支付比例。 2. 支付的安全文明施工费工程款与工程预付款不同，不在后期工程款中扣回
工程进度款的支付（期中支付）	工程进度款的支付（期中支付）	工程进度款 =（分项工程费用 + 单价措施项目费 + 总价措施项目费 + 其他项目费）×（1+ 规费费率）×（1+ 增值税税率）	根据背景资料核对分部分项工程价款、措施项目价款、其他项目价款、变更款、索赔款、发包人提供材料费抵扣、预付款抵扣、支付比例等内容的具体约定

续表

考题考点		计算公式	备注
偏差分析	投资偏差	投资偏差＝已完工程计划投资－已完工程实际投资 投资偏差＝已完工程量×（计划综合单价－实际综合单价）×（1+规费费率）×（1+增值税税率）	
	进度偏差	进度偏差＝已完工程计划投资－拟完工程计划投资 投资进度偏差＝计划综合单价×（已完工程量－计划工程量）×（1+规费费率）×（1+增值税税率）	
竣工结算	合同价增减额	按照题目中提供的信息，结合各事件发生后产生合同价款的增减进行计算	
	实际总造价/竣工结算总造价	签约合同价＋签约合同价调整额或Σ承包商各阶段完成的工程款	
	竣工结算时，发包人应支付给承包人的竣工结算款/完成结清支付时应付给承包人的结算款	签约合同价＋合同价调整额－已支付工程款（包括工程预付款、安全文明施工费工程款、施工进度款）	
质量保证金和保修费用的处理		承包人以所在开户银行出具保函的形式对发包人进行工程质量担保承诺，不在承包人应得工程款中扣留	

参 考 文 献

[1] 全国造价工程师职业资格考试培训教材编审委员会. 全国一级造价工程师职业资格考试培训教材　建设工程造价案例分析（土木建筑工程、安装工程）[M]. 北京：中国城市出版社，2021.

[2] 王亦虹，李丽红，胡秀芳. 全国一级造价工程师职业资格考试应试指南　建设工程造价案例分析 [M]. 北京：中国计划出版社，2022.

[3] 王雪松，李必瑜. 房屋建筑学（第6版）[M]. 武汉：武汉理工大学出版社，2021.

[4] 谭大璐. 工程估价（第四版）[M]. 北京：中国建筑工业出版社，2014.

[5] 中华人民共和国住房和城乡建设部. 房屋建筑与装饰工程工程量计算规范 GB 50854—2013 [S]. 北京：中国计划出版社，2013.

[6] 中华人民共和国住房和城乡建设部. 建筑工程建筑面积计算规范 GB/T 50353—2013 [S]. 北京：中国计划出版社，2013.

[7] 中华人民共和国住房和城乡建设部. 房屋建筑与装饰工程消耗量 TY 01-31-2021 [S]. 北京：中国计划出版社，2022.